STUDY ON EASILY SOLUBLE CONDUCTIVE N-SUBSTITUTED

ANILINE COPOLYMERS

易溶性导电N-取代苯胺共聚物的研究

周海骏 著

U0197927

江苏大学出版社
JIANGSU UNIVERSITY PRESS

镇 江

图书在版编目（CIP）数据

易溶性导电 N-取代苯胺共聚物的研究 / 周海骏著
. — 镇江：江苏大学出版社，2021.12
ISBN 978-7-5684-1676-4

Ⅰ. ①易… Ⅱ. ①周… Ⅲ. ①导电聚合物－研究
Ⅳ. ①O631.2

中国版本图书馆 CIP 数据核字（2021）第 248233 号

易溶性导电 *N*-取代苯胺共聚物的研究
Yirongxing Daodian *N*-Qudai Benan Gongjuwu de Yanjiu

著　　者/周海骏
责任编辑/王　晶
出版发行/江苏大学出版社
地　　址/江苏省镇江市梦溪园巷 30 号（邮编：212003）
电　　话/0511-84446464（传真）
网　　址/http://press.ujs.edu.cn
排　　版/镇江文苑制版印刷有限责任公司
印　　刷/镇江文苑制版印刷有限责任公司
开　　本/890 mm×1 240 mm　1/32
印　　张/8.25
字　　数/260 千字
版　　次/2021 年 12 月第 1 版
印　　次/2021 年 12 月第 1 次印刷
书　　号/ISBN 978-7-5684-1676-4
定　　价/54.00 元

如有印装质量问题请与本社营销部联系（电话：0511-84440882）

前　言

导电高分子是一类具有共轭主链结构的聚合物,如聚乙炔、聚对苯撑、聚吡咯、聚噻吩和聚苯胺等。导电高分子特殊的结构和优异的物理化学性能,使其在电磁屏蔽、能源、光电子器件、信息、传感器、分子导线和分子器件、金属防腐和隐身技术,以及气体分离膜等方面有着广泛、诱人的应用前景。虽然聚乙炔是最早开发的一类导电高分子材料,但由于其具有环境不稳定,因而没有得到较快的发展,现在的研究逐步形成了以聚苯胺、聚吡咯和聚噻吩为主的三大领域。其中,聚苯胺因具有原料易得、合成简便、电导性较高和环境稳定性较好等特点而成为导电高分子研究的热点,被认为是目前最有希望在实际中得到应用的导电高分子材料。但由于聚苯胺具有刚性链结构,在有机溶剂中的溶解性能较差,且不熔融,因而其成型加工困难,给其产品制造带来了极大的挑战。提高其加工性能的重要途径之一是合成具有可溶性的导电性聚苯胺。研究表明,通过引入侧基、共聚及与其他材料复合等途径,可以改善聚苯胺的溶解性能。

本书选取一系列 N-取代苯胺和苯胺(AN)为单体,采用溶液聚合法和乳液聚合法制备了一系列 N-取代苯胺与苯胺共聚物,并对所制备的聚合物进行结构表征、性能测试,研究其在气体分离和静电纺丝方面的应用。全书共分为 7 章。

第 1 章是绪论。首先,介绍聚苯胺的合成、聚合机理等方面的研究进展;其次,总结聚苯胺的 N-取代反应、N-取代苯胺的聚合及应用;最后,对聚苯胺类聚合物在静纺丝方面的研究进展进行综述。

第 2 章是 N-乙基苯胺与苯胺的溶液聚合。采用溶液聚合法合成一系列 EA/AN 共聚物,系统地研究单体摩尔比、氧化剂用量及种类、反应介质和聚合温度等对共聚物的聚合产率、摩尔质量(或特性黏数)、溶解性能和电导率的影响。采用红外光谱、紫外可见光谱、核磁共振氢谱、元素分析和 X 射线衍射等对聚合物的结构进行表征。采用核磁共振法计算 N-乙基苯胺与苯胺在 1.0 mol/L HCl/$(NH_4)_2S_2O_8$(APS)体系中共聚的竞聚率,分别为 0.180 和 1.927。此外,分别以 $(NH_4)_2S_2O_8$ 和 H_2O_2 为氧化剂,采用原位紫外跟踪的方法研究 N-乙基苯胺均聚反应的聚合动力学。研究结果表明,N-乙基苯胺均聚反应的聚合速度与单体浓度和氧化剂浓度有关,以 $(NH_4)_2S_2O_8$ 和 H_2O_2 为氧化剂时的聚合速率可分别表示为 $R_p \propto K_1 \cdot [EA]^3 \cdot [APS]$ 和 $R_p \propto K_2 \cdot [EA] \cdot [H_2O_2]$。

第 3 章是 N-乙基苯胺与苯胺的乳液聚合。采用乳液聚合法制备 N-乙基苯胺与苯胺共聚物,研究乳化剂用量、氧化剂用量、单体摩尔比及聚合温度等对聚合物产率、摩尔质量、溶解性能和电导率的影响。采用红外光谱和紫外可见光谱对聚合物的结构进行表征。研究表明,与溶液聚合产物相比,乳液聚合产物具有较高的摩尔质量、较好的溶解性能及较高的电导率;随着 EA 含量的增大,聚合物在有机溶剂中的溶解性逐渐增大。掺杂态共聚物的电导率为 $1.03 \times 10^{-5} \sim 1.61 \times 10^{-1}$ S·cm^{-1}。EA/AN 共聚物在不同的溶剂中具有溶致变色性能和可逆的溶剂热色性能。

第 4 章是二苯胺磺酸钠与苯胺的溶液聚合。以二苯胺磺酸钠与苯胺为单体,在酸性介质中合成水溶性的二苯胺磺酸钠/苯胺共聚物,研究单体摩尔比、氧化剂用量及种类、酸介质的种类和聚合温度等因素对共聚物产率、特性黏数、溶解性能和电导率的影响;采用元素分析、红外光谱、紫外可见光谱、热重分析等对聚合物的结构进行表征。

第 5 章是 N-乙基苯胺与苯胺共聚物膜的气体分离。采用恒压变容法研究不同掺杂态的 EA/AN(10/90)共聚物膜(简称

EN19C),以及不同配比的乙基纤维素(EC)/EN19C 共混膜的气体分离性能。研究表明,二次掺杂态 EA/AN(10/90)共聚物膜具有较好的气体分离性能,其富氧气体通量、氧气渗透系数和氧气浓度随操作压力的增大而升高,而氧氮分离系数则随操作压力的升高而下降;随着操作温度的升高,气体通量和氧气渗透系数逐渐增大,而氧气浓度和氧氮分离系数则逐渐降低。

第 6 章是聚苯胺及其共混物的静电纺丝研究。采用静电纺丝方法制备纯 PEO、纯 PANI 及 PANI/PEO 纤维膜,系统研究纺丝工艺参数对纤维膜的形貌、电导率与孔隙率等的影响。结果表明,PANI/PEO 电纺体系中,随着 PANI/PEO 纺丝液中 PEO 比例的增大,纺丝液的成纤能力逐渐增加,同时纤维的直径也逐渐增大;纺丝电压的升高有利于纤维的细化,但断丝现象也增强;PANI/PEO 纤维平均直径随溶液流速和针孔直径的增加均呈小幅增大;PANI/PEO 纤维膜的电导率随 PANI 质量分数的增大先增大后减小;PANI/PEO 纤维膜的孔隙率则随 PEO 比例的提高而显著降低。

第 7 章是聚苯胺衍生物的静电纺丝研究。采用静电纺丝方法制备 PAMAS/PEO 和 PASDP/PEO 纤维膜,研究溶液参数和纺丝工艺参数对两个体系纤维膜的形貌、电导率和孔隙率的影响。研究结果表明,PEO 含量的提高和 PEO 摩尔质量的增大可以显著提高 PAMAS/PEO 纺丝液的成纤能力,同时也会使纤维直径的显著增加;PAMAS 浓度的增加会使纺丝液的电导率上升,表面张力下降;PAMAS/PEO 纤维膜电导率随 PAMAS 比例的增大而升高,而孔隙率随 PAMAS 比例的增大先减小后增加。对于 PASDP/PEO 共混体系,纤维直径与纤维接收距离符合正抛物线规律;接收距离的变化对纤维形态影响较小;而滚筒转速的提高有利于纤维束的取向;PASDP/PEO 纤维膜电导率随接收距离的增大先减小后增加,而孔隙率的变化规律与电导率的变化规律相反。

目　录

第1章 绪 论

1.1 概述

20世纪70年代初，日本筑波大学的白川英树教授（Shirakawa）等在高浓度催化剂的条件下合成了具有金属光泽的高顺式聚乙炔薄膜[1]。几年后，美国费城宾夕法尼亚大学的MacDiarmid教授和加州大学的Heeger教授[2,3]用碘掺杂聚乙炔也制备出了具有明显金属特性的聚乙炔薄膜，其室温电导率可达 10^3 S·cm^{-1}，比掺杂前提高了12个数量级。随后Su和Schrieffer等又详尽地研究了聚乙炔独特的光、电、磁及热电动势等性能，并在此基础上提出了孤子理论（SSH）以解释聚乙炔的导电行为[4]。实验和理论的相互推动，产生了导电高分子这门新兴学科。导电高分子的出现不仅打破了高分子仅为绝缘体的传统观念，而且它的发现和发展为低维固体电子学，乃至分子电子学的建立和完善作出重要的贡献，进而为分子电子学的建立打下基础，具有重要的科学意义。经过40多年的研究，导电高分子无论是在分子设计，材料合成，掺杂方法，掺杂机理，可溶性和加工性，导电机理，光、电、磁等物理性能及相关机理的研究上，还是技术的应用探索上，都已取得重要的发展，有些正向实用化的方向迈进。但是，导电高分子发展至今，在理论研究、材料合成及技术应用上仍面临许多挑战，而这恰恰给导电高分子在21世纪的发展带来极好的机遇。

导电高分子特殊的结构和优异的物理化学性能使它在电磁屏蔽、能源、光电子器件、信息、传感器、分子导线和分子器件、金属防腐和隐身技术及气体分离膜等方面有着广泛、诱人的应用前景[5-15]。导电高分子是一类具有共轭主链结构的聚合物,如聚乙炔、聚对苯撑、聚吡咯、聚噻吩和聚苯胺等等。虽然,聚乙炔是最早开发的一类导电高分子材料,但由于其具有环境不稳定性的缺点,因而没有得到较快的发展,现在的研究逐步形成了以聚吡咯、聚噻吩和聚苯胺为主的三大领域[16-22]。其中,聚苯胺以其原料易得、合成简便、具有较高的电导性和较好的环境稳定性而成为导电高分子研究的热点,被认为是目前最有希望在实际中得到应用的导电高聚物。

1.2 聚苯胺的研究现状

1.2.1 聚苯胺的合成

早在 100 多年前,聚苯胺就作为合成染料的不熔副产物"苯胺黑"而存在了,不过当时人们所关心的是如何避免它的生成。20 世纪 60 年代末,Desurvile 等[23]采用过硫酸铵为氧化剂制备出了电导率为 10 S·cm^{-1} 的聚苯胺,并发现该物质具有质子交换、氧化还原和吸附水蒸气的性质;他们还组装了以聚苯胺为电极的二次电池,但这一研究结果没有引起人们的注意。20 世纪 70 年代后期,导电聚乙炔的发现使得以共轭高分子为基础的导电高分子学科迅速产生,聚苯胺也于 1984 年被 MacDiarmid 等[24]重新开发,其较高的电导性和较好的环境稳定性使它很快成为导电聚合物领域的研究热点,并成为目前研究最为成熟的一类导电高分子。正因为如此,瑞典皇家科学院将 2000 年诺贝尔化学奖授予了它的三位发明者:美国宾夕法尼亚大学的 MacDiarmid 教授、美国加州大学的 Heeger 教授和日本筑波大学的 Shirakawa 教授。

苯胺的化学氧化聚合通常是在苯胺/氧化剂/酸/水体系中进行的。由于苯胺可被氧化成多种产物,因此聚合体系中的酸介质的种类及其酸度、氧化剂的种类和用量、反应温度等因素对聚合产物的结构和性能有很大的影响。苯胺的化学氧化聚合反应一般在盐酸、硫酸、高氯酸、乙酸和氟硼酸等质子酸中进行[25-28]，多采用过硫酸铵、重铬酸钾、KIO_3、$FeCl_3$ 和 H_2O_2 等[29-31]为氧化剂。

目前，用于电化学合成聚苯胺的方法主要有动电位扫描法、恒电位法、恒电流法和脉冲极化法等。根据不同的实验条件，电化学法制备的聚苯胺可以是黏附在电极表面的薄膜，或者是沉积在电极表面的粉末。影响苯胺电化学聚合的因素有电解质溶液的酸度、溶液中阴离子的种类、电极材料、苯胺的浓度及电化学聚合条件等[32-34]。其中，电解质溶液的酸度对苯胺的电化学聚合影响最大，当水溶液的 pH 值大于 3 时，在铂电极上所得到的聚苯胺无电活性，因此，苯胺的电化学聚合一般在 pH 值小于 3 的水溶液中进行[35]。电化学聚合中最常用的电极材料为 Pt、Ni、ITO 导电玻璃、不锈钢及碳电极。电化学聚合法适用于合成小批量的聚苯胺产品，反应设备简单，反应条件易控制，且产品的纯度高。

Wudl 等[36]从对苯二胺出发，按图 1.1 所示的反应路线合成了掺杂态电导率为 0.02~0.2 S·cm^{-1} 的聚苯胺。通过比较产物的光学、磁学、传输性能、电化学行为及光谱数据等发现，按此方法合成的聚苯胺与采用过硫酸铵/盐酸体系合成的聚苯胺具有相似的性能。

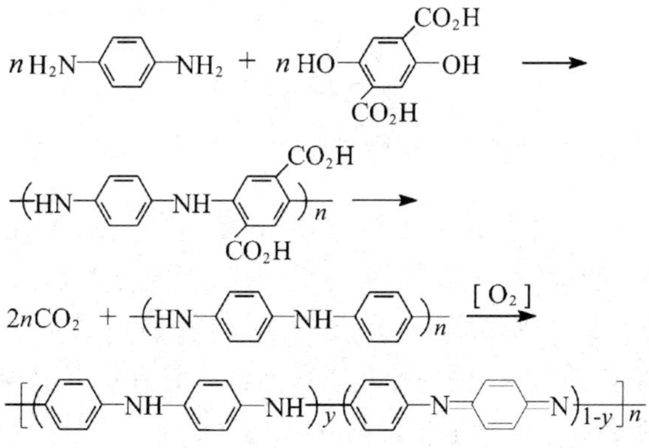

图 1.1 聚苯胺的合成过程

1.2.2 聚苯胺的掺杂态结构和导电机理

聚苯胺的掺杂与去掺杂可通过简单的酸碱反应来实现。通过对掺杂态聚苯胺进行 NaOH 滴定、光电子能谱跟踪、红外光谱跟踪和理论计算发现,聚苯胺的主要掺杂点是聚苯胺链上的亚胺氮原子。Wnek[37]首先从化学反应的角度推测了阳离子自由基的形成;MacDiarmid,Heeger 和 Wudl 等[36,38,39]先后通过实验并结合量子化学计算支持了这一假设,并进一步提出了"极化子晶格"模型(Polaron Lattice Model)。这种模型认为,掺杂态聚苯胺的分子链是由交替的苯胺和苯胺阳离子自由基构成,每个苯环在化学环境和电化学环境方面都是等同的,但这一模型与后来的许多实验事实相抵触。在此基础上,景遐斌等详细研究了聚苯胺及其衍生物在掺杂和去掺杂过程中的光谱和波谱变化,提出了"四环 BQ 变体"模型[40],对"极化子晶格"模型进行了重要的修正(图 1.2)。

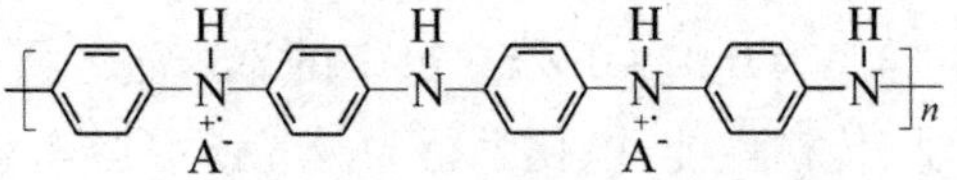

(a) "极化子晶格" 模型

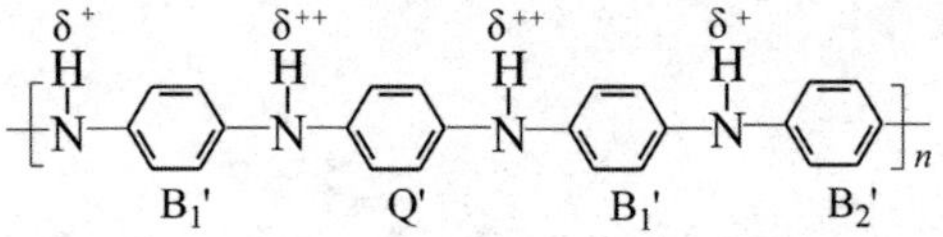

(b) "四环BQ变体" 模型

图 1.2 "极化子晶格"模型和"四环 BQ 变体"模型

聚苯胺经质子酸掺杂后,其电导率可以提高十几个数量级。虽然聚苯胺的电子数不发生变化,但电子结构发生了很大变化,又因为掺杂酸及掺杂方式不同,所以其电导率可在 $10^{-4} \sim 400 \, \text{S} \cdot \text{cm}^{-1}$ 范围内变化。这使得研究者想了解导电高分子为什么会导电?导电机理是什么?对于导电高分子的导电机理,研究者们进行了大量的研究工作,并提出了多种导电机理。

目前,被学者普遍接受并得到许多实验结果支持的导电机理是 Epstein 和 MacDiarmid 等提出的"颗粒金属岛"模型[41,42]。这一模型认为,导电高分子内存在相分离的金属区和非金属区,完全掺杂的三维"金属岛"存在于未掺杂的绝缘母体中,随着掺杂的进一步进行,"金属岛"的尺寸进一步增大,形成新的"金属岛"。这一模型得到了热电动势、电导的电场依赖性、声频电导[43]、电子顺磁共振波谱(ESR)[44]和红外光谱(IR)[45]等研究结果的有力支持。

1.2.3 苯胺及其衍生物的聚合机理

Mohilner 等[46]认为,苯胺在硫酸中的阳极氧化是通过自由基机理进行的;Bacon 和 Adoms[47]也认为,苯胺氧化的前期是阳离子自由基的形成。对苯胺聚合机理的研究多采用电化学聚合法,Wei 等[48]研究了苯胺的电聚合动力学,结果表明聚合速度(R_p)与单体浓度([M])成正比,即 $R_p = K^{app}[M]$,K^{app} 为表观速率常数。但对于苯胺及其衍生物的聚合机理,学术界还存在较大的争论[49,50],一般认为,单体先失去一个电子(被氧化)形成单体阳离子自由基,单体阳离子自由基可互相偶合或进攻另一个单体,失去两个质子后形成二聚体,二聚体又可失去一个电子形成二聚体阳离子自由基(氧化态二聚体),继续参与反应,直至聚合物链增长到其氧化态活性不足以参与聚合反应,或者由于副反应或交联反应,使得聚合物链不能继续被氧化而终止。为了证明苯胺聚合过程中阳离子自由基的存在,研究者们采用原位紫外跟踪的方法对聚合过程进行了研究,认为位于 420~460 nm 处的吸收峰是聚合过程中形成的单体阳离子自由基的特征吸收峰[51-55]。Malinauskas 等[56]采用原位紫外电化学的方法研究了一系列取代苯胺在酸性介质中的电聚合反应,认为苯胺的聚合反应最快,其次为环取代苯胺,而 N-取代苯胺的聚合过程最慢,这也是 N-取代苯胺最适合采用原位紫外研究的原因之一。

一般认为取代苯胺的聚合过程与苯胺的聚合过程相似,所以可以借鉴苯胺的聚合机理来解释取代苯胺的聚合过程。目前,对苯胺与其衍生物的共聚反应已有一些研究,表 1.1 列出了不同的苯胺衍生物与苯胺共聚时的竞聚率。不同苯胺衍生物的竞聚率随着其取代基的不同而变化,取代基的存在对其聚合过程及所得聚合物的摩尔质量都有一定的影响。一般来说,取代基的体积越大、给电子效应越强,其氧化电位越低,更易被氧化成阳离子自由基,而形成的阳离子自由基在聚合体系中的稳定性更好,从而降低聚合反应的速率,对应苯胺衍生物的竞聚率就越小。

表 1.1　不同的苯胺衍生物与苯胺共聚时的竞聚率

| 共聚单体 | 竞聚率 | | 聚合条件 | | | 参考文献 |
	$r_{共聚单体}$	$r_{苯胺}$	酸介质	氧化剂	温度/℃	
2-氯苯胺	1.4	1.4	1.0 mol/L H_2SO_4	$(NH_4)_2S_2O_8$	20~25	[57]
2-碘苯胺	1.3	0.8	1.0 mol/L H_2SO_4	$(NH_4)_2S_2O_8$	20~25	[57]
2,3-二氯苯胺	0.59	0.99	1.0 mol/L HCl	$K_2Cr_2O_7$	50	[58]
2,5-二氯苯胺	0.62	1.20	1.0 mol/L HCl	$K_2Cr_2O_7$	50	[58]
3,5-二氯苯胺	0.53	0.10	1.0 mol/L HCl	$K_2Cr_2O_7$	50	[58]
邻乙基苯胺	11.7	0.128	1.0 mol/L HCl	$(NH_4)_2S_2O_8$	1	[59]
N-丁基苯胺	8.9	0.40	1.0 mol/L $HClO_4$	$(NH_4)_2S_2O_8(Fe^{2+})$	20~25	[60]
N-乙基苯胺	0.180	1.927	1.0 mol/L HCl	$(NH_4)_2S_2O_8$	2~5	[61]
3-氨基-1-丙磺酸	27.0	0.04	3.7 mol/L H_2SO_4	$(NH_4)_2S_2O_8$	0	[49]
4-氨基-1-丁磺酸	12.0	0.04	3.7 mol/L H_2SO_4	$(NH_4)_2S_2O_8$	0	[49]
邻氨基苯磺酸	0.66	2.99	1.2 mol/L HCl	$(NH_4)_2S_2O_8$	0~5	[62]

1.3　改善聚苯胺溶解性能的途径

在众多的共轭导电聚合物中,聚苯胺因具有较好的电性能、电化学性能和光学性能,以及极好的环境稳定性,而被认为是最具有开发潜力的一类导电聚合物。但是由于苯环的存在使分子链刚性增加,且相邻分子链间存在氢键,因而聚苯胺在有机溶剂中的溶解性较差,只能溶于少数的强极性溶剂[如 *N*-甲基吡咯烷酮(NMP)、二甲基亚砜(DMSO)、浓硫酸][63,64]。这不仅限制了其在工业上的发展,也阻碍了人们对其性能的进一步研究。因此,改善聚苯胺的溶解性能势在必行。

近年来,许多研究者在改善聚苯胺的加工性能方面做了大量的工作。首先,通过物理方法,采用功能性质子酸[65](如十二烷基苯磺酸、樟脑磺酸、对甲苯磺酸等)对本征态的聚苯胺进行掺杂,可以改善其溶解性能,使其能够溶于一些普通的溶剂[如四氢呋喃(THF)、氯仿等],而其电导率的下降较小;其次,通过化学改性的方法,改变分子链结构以达到改性的目的。从分子结构来分析,苯胺的分子中存在三个反应点:苯环上胺基的邻位、间位及胺基上的氢原子,分别在这三个位置上引入不同的基团可以得到不同结构和性能的聚合物。

① 在苯环上引入磺酸基[66,67]。聚苯胺磺化是较早开始研究的一种改性方法,磺化的结果是在聚苯胺的苯环上引入磺酸基,从而使产物具有自掺杂的性能,可以大大改善聚苯胺的溶解性能,但其电导率有所下降($10^{-1} \sim 10^{0}$ S·cm^{-1}),并且产物的摩尔质量较聚苯胺下降了很多(10^{3} g/mol)。

② 在苯环上引入其他侧基,如烷基[68,69]、烷氧基[70,71]、硝基[72]和卤素原子[58]等取代基。这种方法也可以改善聚苯胺的溶解性能,但同样,电导率下降较多且产物的摩尔质量较小。

③ 聚苯胺的 N-取代化。聚苯胺的 N-取代产物可以通过对聚苯胺改性得到[73,74],也可以通过 N-取代苯胺单体聚合而得,可以引入烷基[75,76]、酰基[77]以芳香取代基(如苄基[78]、磺酸苯基[79-81])等。虽然所得产物的电导率与前两种方法得到的产物相比要低些($10^{-7} \sim 10^{-3}$ S·cm^{-1}),但其具有较高的摩尔质量($10^{4} \sim 10^{5}$ g/mol)。

此外,还可以通过苯胺与 N-取代苯胺共聚得到溶解性能较好且电导率适中的导电聚合物。最重要的是,聚苯胺分子链中胺基上的氢原子被其他基团取代后,分子链不易被氧化,因此,N-取代聚苯胺在水溶液和电化学过程中比聚苯胺和环取代产物具有更好的稳定性。

1.4 *N*-取代聚苯胺的研究进展

N-取代聚苯胺主要通过聚苯胺的 *N*-取代反应、*N*-取代苯胺的聚合，以及 *N*-取代苯胺与其他单体的共聚制备。下面主要介绍常用的合成 *N*-取代聚苯胺的方法。

1.4.1 聚苯胺的 *N*-取代反应

1.4.1.1 聚苯胺的 *N*-烷基化反应

聚苯胺的 *N*-烷基化就是在本征态或还原态聚苯胺分子链中的—NH—上引入烷基。根据不同的合成工艺，聚苯胺的 *N*-烷基化方法可分为间接 *N*-烷基取代法和直接 *N*-烷基取代法。

间接 *N*-烷基取代法的合成步骤为：先将通过化学氧化聚合法合成的本征态聚苯胺溶于二甲基亚砜（DMSO）或二甲基丙烯脲（DMPU）中，在 N_2 保护下加热至 45 ℃，加入过量的 NaH 或 KH，此时体系的颜色由深蓝色变为绿黑色，待反应进行 6 h 后，将反应体系冷却至室温；然后加入过量的烷基卤化物（如丁基溴、正己基溴、苄基溴、正癸基溴等），继续反应 12 h 后，可得到深蓝色的溶液。加入 1.0 mol/L HCl 溶液可得到绿色沉淀物，经氨水去掺杂，过滤后减压干燥得聚合产物。具体反应过程如图 1.3 所示[76,77]。

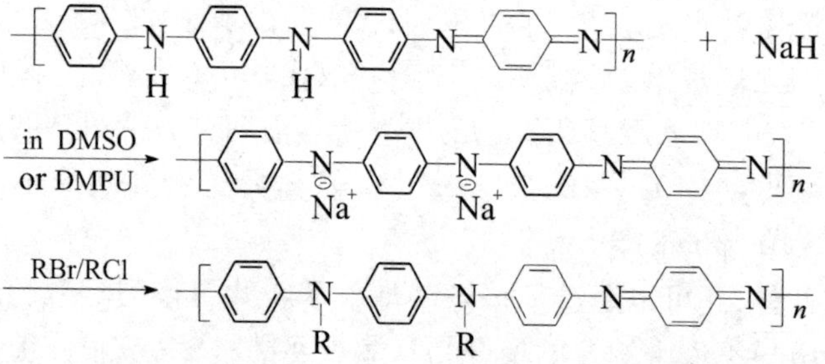

$R =$ —$(CH_2)_3$—SO_3H,—$(CH_2)_3$—Ar—SO_3H,—$(CH_2)_4$—SO_3H,
—$(CH_2)n$—CH_3，*n* 代表 3、5、7、9、11、15。

图1.3 间接 *N*-烷基取代法合成 *N*-取代聚苯胺

采用不同的烷基取代物 RBr/RCl,可以得到不同的 N-取代产物,并可以通过改变聚苯胺、NaH 和烷基卤化物的化学比例,得到不同取代度的 N-烷基聚苯胺。Huang 等[76]用 1-溴代丁烷、1-溴代己烷、辛基溴、癸基溴、十二烷基溴和十六烷基溴分别与聚苯胺进行反应,合成了一系列的 N-烷基聚苯胺。这些产物的取代度为 40%左右,并且在 THF、CHCl₃、CH₂Cl₂、NMP 和浓硫酸中有较好的溶解性,其电导率与聚苯胺相比有所下降,为 $10^{-4} \sim 10^{-2}$ S·cm^{-1}。Mikhael 等[77]得到了 N-丁基苄基聚苯胺,该聚合物的取代度为 55.8%,能溶于 THF、DMSO 和 CHCl₃,并具有较高的电导率(0.43 S·cm^{-1})。Zheng 等[82]用烷基卤化物对还原态聚苯胺进行烷基取代,得到取代度更高的取代产物,其取代度可达到 65%~83%,该产物在普通有机溶剂中的溶解性能有很大的改善。但是随着取代基中碳原子数的增多,N-烷基聚苯胺在强极性溶剂(NMP、浓硫酸)中的溶解性能反而变差。这主要是由于聚苯胺分子链中氮原子上的氢原子被烷基取代后,聚合物与强极性溶剂间形成氢键的能力下降,同时,长链烷基的存在使聚苯胺分子链之间的相互作用力减弱,这两方面的作用使部分 N-烷基聚苯胺在强极性溶剂中的溶解性能下降。Chen 等[83,84]合成了一种水溶性且具有自掺杂能力的 N-取代聚苯胺——聚(N-丙基磺酸基苯胺)。该聚合物的取代度大约为 50%,电导率在−50~110 ℃时逐渐增大,−50 ℃时为 10^{-8} S·cm^{-1},25 ℃时增至 10^{-2} S·cm^{-1},110 ℃时为 0.1 S·cm^{-1};当温度增至 170℃时又降为 10^{-5} S·cm^{-1}。此外,他们还合成出另一种自掺杂 N-取代聚苯胺——聚(N-丙基苯基磺酸基苯胺)[79],其取代度为 47%,由于取代基上多了一个苯环,其电导率较前者有所下降,25 ℃时为 8.5×10^{-5} S·cm^{-1},125 ℃时增至 4.7×10^{-4} S·cm^{-1},当温度增至 160 ℃时又降为 1.7×10^{-5} S·cm^{-1}。

直接 N-烷基取代法是指聚苯胺直接与烷基卤化物反应,生成 N-取代聚苯胺的方法。由于聚苯胺中的—NH—和—N=都是亲核基团,而烷基取代基也是亲核基团,一般认为不能用烷基取代基进行直接 N 位取代反应[77,82]。但最近的研究表明,烷基卤化物不仅可以与聚苯胺进行直接 N 位取代反应,而且同时能进行掺杂反应。反应过程为:将烷基溴溶于 N,N-二甲基甲酰胺(DMF)或 2-丙醇中,配成 10%(体积分数)的溶液,加热至 80 ℃后,将聚苯胺粉末或聚合物膜投入该溶液中,2 h 后,将聚合物过滤取出,用过量的 DMF 或 2-丙醇洗涤,除去未反应的烷基溴及溶剂,减压干燥后得到 N-烷基聚苯胺。Zhao 等[85]分别用戊基溴、庚基溴和癸基溴与本征态聚苯胺进行直接 N-取代反应,产物的取代度分别为 31%,17% 和 12%。当用还原态聚苯胺与戊基溴进行反应时,所得产物的烷基取代度只有 8%,他们认为这种 N-取代反应主要发生在聚苯胺分子链中亚胺基的氮原子上,并且溴离子对聚合产物同时具有掺杂作用。Hang 等[86]分别用 1,3-丙基磺内酯和 1,4-丁基磺内酯与聚苯胺反应得到 N-丙基磺酸基聚苯胺和 N-丁基磺酸基聚苯胺。这两种产物具有自掺杂的能力,可以溶于水形成溶液,但电导率较低,为 $10^{-9} \sim 10^{-8}$ S·cm^{-1}。

1.4.1.2 聚苯胺的 N-酰基化反应

聚苯胺的 N-酰基化是在聚苯胺的 N 位上引入含有酰基取代基团的反应,其反应过程如图 1.4 所示。Mikhael 等[77]合成了几种 N-酰基聚苯胺,如 N-正丁基苯酰基聚苯胺、N-苯甲酰基聚苯胺、N-特戊酰基聚苯胺,它们的取代度分别为 67.5%,61.5% 和 68.3%,电导率分别为 1.6×10^{-3},5.3×10^{-3},4.8×10^{-2} S·cm^{-1}。它们的溶解性能却有很大的区别,N-正丁基苯酰基聚苯胺能完全溶解于 THF、DMSO、NMP、DMPU,部分溶解于氯仿、丙酮和 DMF 中,而 N-苯甲酰基聚苯胺、N-特戊酰基聚苯胺在有机溶剂中的溶解性能较差。Oka 等[87]合成了 N-辛酰基聚苯胺,其取代度为 40%,平均摩尔质量为 11 800 g/mol,电导率为 2×10^{-3} S·cm^{-1},能溶于氯仿、嘧啶、二甲基乙酰胺、DMF、DMSO 和 THF 中。McCoy 等[88]也合成了 N-三氟乙酰基聚苯胺,该聚合物能在 K$_2$CO$_3$/NH$_3$·H$_2$O/H$_2$O 中水解而重新生成聚苯胺。

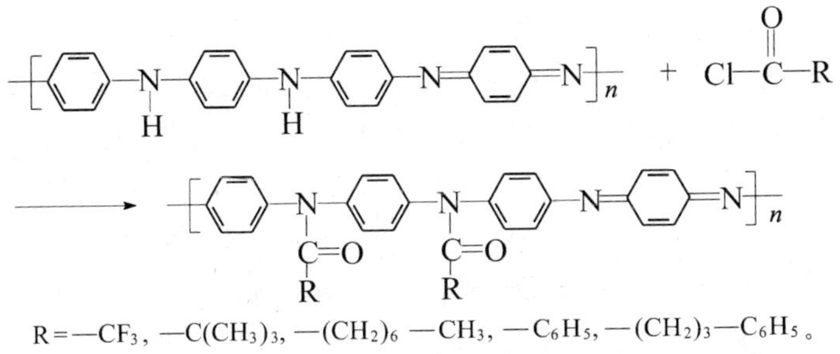

$R = —CF_3$，$—C(CH_3)_3$，$—(CH_2)_6 —CH_3$，$—C_6H_5$，$—(CH_2)_3 —C_6H_5$。

图 1.4 聚苯胺的 N-酰基化反应

1.4.2 N-取代苯胺的聚合

1.4.2.1 N-取代苯胺的化学氧化聚合

采用 N-取代苯胺作为反应物可以简化合成工艺,较方便地得到所需要的聚合产物。N-取代聚苯胺也可通过 N-取代苯胺均聚或 N-取代苯胺与其他单体共聚而得到。一般来说,N-取代苯胺的化学氧化聚合过程与苯胺的聚合过程基本相同,也可以采用 $(NH_4)_2S_2O_8$、$FeCl_3$、H_2O_2 和重铬酸钾等作为氧化剂,并在酸性介质中进行聚合。

Kang 等[74]采用化学氧化法合成出聚(N-甲基苯胺),并研究了其在不同的介质中所形成的络合物,其电导率为 $10^{-8} \sim 10^{-2}$ S·cm^{-1}。Manohar[89]也合成了深绿色的聚(N-甲基苯胺),掺杂态的电导率可达 10^{-4} S·cm^{-1},去掺杂后电导率下降为 10^{-8} S·cm^{-1}。Chevalier 等[90,91]以过硫酸铵为氧化剂,在 1.0 mol/L 高氯酸中合成了一系列的 N-烷基取代聚苯胺,如聚(N-甲基苯胺)、聚(N-乙基苯胺)、聚(N-丙基苯胺)、聚(N-丁基苯胺)、聚(N-戊基苯胺)和聚(N-十二烷基苯胺)。研究表明,随着烷基链的增长,聚合产物的产率逐渐增大,从 30% 增大到 100%,电导率却逐渐下降(从 $2×10^{-4}$ S·cm^{-1} 下降至 $2×10^{-7}$ S·cm^{-1});此外,聚合产物的形貌也不同,聚(N-甲基苯胺)、聚(N-乙基苯胺)和聚(N-丙基苯胺)呈粉末状,而聚(N-丁基苯胺)、聚(N-戊基苯胺)和聚(N-十二烷基苯胺)则呈胶状。它们能全部溶于

NMP、DMF 和 CH_3CN［聚（*N*-十二烷基苯胺）除外］，部分溶于 THF。Chevalier 等[78]还合成了聚（*N*-苄基苯胺），它能溶于 THF、$CHCl_3$ 和 CH_3CN 中。Langer[92]也采用化学氧化法合成了聚（*N*-甲基苯胺），并提出了聚（*N*-甲基苯胺）分子链间氢键形成的理论模型。Nguyen 等[81]合成了一种水溶性的导电聚合物——聚（*N*-4-磺酸基苯基苯胺），该聚合物能溶于水和碱性水溶液，并具有较高的电导率（3.5×10^{-3} S·cm^{-1}）。

Langer[92]用化学氧化聚合的方法研究了苯胺与 *N*-甲基苯胺的共聚，提出了 *N*-取代聚合物的分子链晶格模型。Bergeron 等[60]研究了苯胺与 *N*-丁基苯胺的共聚反应，结果表明，共聚物的电导率存在逾渗转变，发生于苯胺的摩尔分数为 15% 左右；动力学研究表明，*N*-丁基苯胺比苯胺具有更高的反应活性（竞聚率分别为 8.9 和 0.4），主要原因是丁基的诱导效应使得氮原子上形成的离子自由基更稳定。随着共聚物中 *N*-丁基苯胺含量的增加，共聚物的电导率逐渐下降（从 8×10^{-7} S·cm^{-1} 下降至 0.3 S·cm^{-1}），但溶解性逐渐增强。Nguyen 等[81]合成了苯胺与二苯胺-4-磺酸钠的共聚物，共聚物的电导率随二苯胺-4-磺酸钠含量的增加而降低（从 3.5×10^{-3} S·cm^{-1} 下降至 5.2 S·cm^{-1}），但其溶解性能有很大的改善，二苯胺-4-磺酸钠含量较大的共聚物能溶于氨水，而不溶于盐酸。

1.4.2.2　*N*-取代苯胺的电化学聚合

与化学氧化聚合法相比，电化学聚合法的聚合产率较低，但是具有合成简单、产物纯度高等优点。电化学聚合法可以分为伏安循环法、恒电位法和恒电流法等。由电化学聚合得到的 *N*-取代聚苯胺与化学氧化聚合得到的相比，具有较大的摩尔质量，同时所得到的聚合物膜在电场中具有明显的电致变色性和较好的电化学稳定性，这也使其在显示材料方面具有较大的应用潜力。

Watanabe 等[93]用恒电流法（5 mA）合成了一系列 *N*-取代聚苯胺，如聚（*N*-甲基苯胺）、聚（*N*-乙基苯胺）、聚（*N*-丙基苯胺）、聚(N-丁基苯胺)。随着烷基链的增长,所得产物在电极上的成膜性有一定的降低,这主要是由于生成的产物在反应介质中的溶解性逐渐增强。凝胶渗透色谱(GPC)的结果表明,聚(N-乙基苯胺)、聚(N-丙基苯胺)、聚(N-丁基苯胺)的摩尔质量分别为 4 700,8 000,20 000 g/mol。Chevalier 等[90]以高氯酸为反应介质,通过恒电位法(1.0 V)合成了聚(N-甲基苯胺)、聚(N-乙基苯胺)、聚(N-丙基苯胺)、聚(N-丁基苯胺)、聚(N-戊基苯胺)和聚(N-十二烷基苯胺),前四种聚合物的摩尔质量分别为 58 000,44 000,41 000 和 44 000 g/mol;此外,还研究了这些聚合物膜的电致变色性能,当电位低于 0 V 时,膜呈无色,在 0.3~0.4 V 时呈黄色,在 0.5 V 时呈绿色,而在 0.7~0.8 V 时又变为蓝色。Ye 等[94]研究了 N-丁基苯胺和苯胺的电化学共聚合,得到了一系列不同组成的 N-丁基苯胺和苯胺共聚物。由于 N-丁基苯胺的氧化电位(0.84 V)比苯胺(0.94 V)低,其在电化学聚合中具有较高的反应活性。所得的共聚物能溶解于 NMP 和 DMF,当苯胺含量较低时能溶解于乙腈。随着 N-丁基苯胺含量的增大,共聚物的电导率逐渐降低(从 40 S·cm^{-1} 降低至 2×10^{-6} S·cm^{-1})。Dao 等[95]用电化学聚合法合成了聚(N-萘基苯胺)、聚(N-苯基苯胺)。聚(N-萘基苯胺)的氧化电位为 0.73 V,而聚(N-苯基苯胺)有两个氧化电位,分别为 0.55 V 和 0.83 V。这两种聚合物的电导率分别为 1×10^{-3} S·cm^{-1} 和 1.0 S·cm^{-1}。聚(N-萘基苯胺)膜能在很窄的电压范围内(0.5~0.9 V)表现出较明显的电致变色现象(黄色→红色→紫色→蓝色),而聚(N-苯基苯胺)膜则在较宽的电压范围内表现出颜色变化。Dong 等[96]用电化学法合成了聚(N-苄基苯胺),该聚合物能溶于 DMSO 和嘧啶;用氨水处理后,还能溶于 THF 和 DMF,电导率为 2.0×10^{-1} S·cm^{-1}。Chevalier 等[78]也对 N-苄基苯胺进行了电化学聚合研究,循环伏安曲线表明,聚(N-苄基苯胺)膜存在两个氧化电位,分别为 0.3 V 和 0.6 V,且在 0~0.8 V 的范围内表现出很明显的电致变色性能(无色→黄色→绿色→蓝色)。

1.4.3　*N*-取代聚苯胺的应用前景

N-取代聚苯胺的电导率相对聚苯胺而言,有一定的下降,但由于其具有较好的溶解性能和电化学性能,因而在气体分离膜、电极材料、电致变色材料和气体传感器等领域中具有很好的应用前景,已有较多的研究者在这方面做了大量的探索性研究工作。

1.4.3.1　气体分离膜

Anderson 等[10]的研究表明,聚苯胺膜具有较好的分离性能,O_2/N_2 选择系数高达 30,从而使聚苯胺气体分离膜成了研究热点。不同研究小组的研究表明,掺杂酸的种类[11,97,98]、膜的掺态程度[99,100]、成膜溶剂在膜内残留量[101,102]及操作温度[103]等都对聚苯胺膜的分离性能有较大的影响。虽然他们得到的结果不一致,但有一点是公认的,就是聚苯胺膜具有很好的氧氮分离性能,但气体渗透性能较差[99,104,105]。在聚苯胺分子链上引入取代基可以增大其自由体积,从而可能改善其气体渗透性能。由于在分子链上引入了取代基,使聚(邻甲氧基苯胺)、聚(邻乙基苯胺)和聚(邻乙氧基苯胺)膜的气体渗透系数增大,而分离系数有一定的下降[106,107]。笔者所在的课题组对聚苯胺衍生物在气体分离膜方面的应用做了一些研究工作。以苯胺/邻甲苯胺共聚物和邻甲苯胺均聚物分别与乙基纤维素共混形成的均质致密膜为选择分离层,乙基纤维素膜为柔性间隔层,聚砜、聚醚砜、聚砜酰胺为多孔支撑层所组成的多层复合膜具有较好的空气分离性能,空气经(乙基纤维素/聚邻甲苯胺)/乙基纤维素/聚砜构成的三层复合膜分离后能够得到氧气浓度为 46% 的富氧气体。共聚摩尔配比为 50,30,20 的苯胺/邻甲苯胺/2,3-二甲苯胺共聚物与乙基纤维素以质量比 20∶80 共混浇铸成的均质致密膜,与聚砜超滤膜复合后构成的双层复合膜也具有很好的空气分离性能。在 22~50 ℃和 640 kPa 的操作条件下,复合膜的氧气渗透流率为 $(9.8 \sim 47.3) \times 10^{-11} \, cm^3(STP)/s \cdot cm^2 \cdot cmHg$,

富氧浓度可达 38.6%~43.0%[108-110]。

1.4.3.2　二次电池电极材料

孙东豪[111,112]研究了聚(N-甲基苯胺)膜作为电极材料的电化学性能,用循环伏安法考察了聚(N-甲基苯胺)电极反应的可逆性,并用聚(N-甲基苯胺)膜电极、Zn 片和 1.0 mol/L ZnCl$_2$ 水溶液(pH=2.01)组装成蓄电池,研究了该蓄电池的充放电特性。结果表明,聚(N-甲基苯胺)作为一种新型的蓄电池阴极材料,在酸性溶液中具有很好的稳定性。该电池的开路电压为 1.31 V,在恒电流放电时,放电速率为 0.15 mA/cm^2(放电电压为 0.90 V,聚合物的质量为 2.0 mg/cm^2),聚(N-甲基苯胺)的比容量、比能量和库仑效率分别为 97.5 Ah/kg, 94.6 Wh/kg 和 95.4%。Sivakumar 等[113]采用电化学聚合法得到聚(N-甲基苯胺)膜,并将其作为阴极,Zn 片为阳极,1.0 mol/L ZnSO$_4$ 水溶液(pH=2.01)为电解质组装成二次电池,该电池的开路电压为 1.35 V,比容量为 25.8 Ah/kg。

1.4.3.3　电致变色材料

聚苯胺具有很好的电致变色性能和较低的变换电压,可应用于电致变色材料,但由于其氧化还原稳定性能较差,因而限制了其在该领域的应用。近年来的研究表明,N-取代聚苯胺具有较好的电致变色性能,同时具有很好的氧化还原稳定性能,因此在电致变色装置方面具有很好的应用前景。Kim 等用聚(N-丁基磺酸基苯胺)作阳极、三氧化钨作阴极,以及不同的电解质膜组装了一个全固性电致变色装置。当两极加上适当的电压(±2.0 V)后,其颜色可以在蓝绿色和浅黄色之间变化。采用不同的组装方式和不同的电解质膜得到的显示装置具有不同的性能[114-116]。采用聚(N-丁基磺酸基苯胺)膜和三氧化钨膜作显示层,以含有 5%Nafion 的电解质膜制备的显示装置的综合性能最好,其发光效率大于 95%,采用±1.5 V 的阶跃电压进行测试时,其使用寿命大于 2 300 次(每一循环用时 60 s)。

1.4.3.4 传感器气敏涂层

Athawale 等[117]研究了聚(*N*-甲基苯胺)膜和聚(*N*-乙基苯胺)膜对不同醇蒸气的传感性能。聚(*N*-甲基苯胺)膜对甲醇、乙醇、丙醇、丁醇和庚醇蒸气的灵敏度分别为 73.91%,40.0%,17.6%,6.39% 和 38.09%,而聚(*N*-乙基苯胺)膜对这几种蒸气的灵敏度分别为 91.07%,48.97%,61.66%,31.57% 和 4.95%;这两种聚合物膜对不同的醇蒸气具有不同的灵敏度,可能是由于它们在不同的醇蒸气中的电导率和结晶性能有差异。与聚苯胺相比,这两种聚合物对这些醇蒸气的灵敏度较低,这可能是由于取代基的引入使其电导率降低[118]。

1.4.3.5 其他领域

Yano 等[119]研究了聚(*N*-甲基苯胺)膜对对苯二酚的电化学催化作用。与聚苯胺膜相比,聚(*N*-甲基苯胺)膜在电场中具有更好的电化学稳定性,同时又具有一定的氧化还原活性,可取代聚苯胺用于对苯二酚的电化学催化反应。通过 Albery Hillman 理论分析计算,聚(*N*-甲基苯胺)膜的电子转移速率常数为 6.4×10^3 mol·L^{-1}·s^{-1}。Shah 等[120]研究了聚(*N*-乙基苯胺)对铝合金的防腐性能,随着伏安循环次数不断增加,铝合金电极上的腐蚀电压逐渐增大,从 −234.6 mV(0 次)增为 −158.1 mV(25 次),而铝合金的腐蚀速度逐渐减小,从 0.026 0 mmpy 减为 0.004 4 mmpy,这表明聚(*N*-乙基苯胺)对铝合金有较好的防腐效果。

1.5 静电纺丝技术

1.5.1 静电纺丝过程和基本原理

传统的纺丝方法包括熔融纺丝、溶液纺丝、液晶纺丝和胶体纺丝等,所得纤维的直径一般都在微米级别[121]。静电纺丝技术是由静电雾化转变而来的,是静电雾化的一种特殊形式,两者的区别在于:雾化采用的是黏度较低的牛顿流体,所用溶液的浓度和黏度都很低,雾化得到的产物为珠粒状;而纺丝则采用的是高分子浓溶液或高分子熔体,该非牛顿流体具有较高的黏度[122]。

静电纺丝法是一种有别于传统纺丝法的纺丝工艺,可以得到亚微米和纳米级别的超细纤维,首先给聚合物溶液或熔体几千至上万伏高压静电,带电的聚合物液滴在电场力的作用下在毛细管的泰勒锥顶点加速;当电场力足够大时,聚合物液滴可克服表面张力形成喷射细流,细流在喷射过程中溶剂挥发,溶质固化,最终落在接收装置上,形成类似非织造布状的纤维毡,采用特殊接收装置能得到有序的纳米纤维,图1.5为电纺纤维与传统纤维的对比,粗纤为传统方法制备的纤维。静电纺丝过程大致可分为三个阶段:① 喷射流的产生和延伸;② 鞭动不稳定性的形成和喷射流的进一步拉伸;③ 喷射流固化形成纳米纤维。

图1.5 电纺聚砜芳纶纤维与聚砜芳纶传统纤维的对比

1.5.2 静电纺丝装置

静电纺丝装置主要由三部分组成:高压静电发生器、微量注射泵、纤维接收装置。静电发生器提供外加电场,用于拉伸溶液或熔体的射流,可根据电纺的需要来调节工作电压;注射泵用来连续供给静电纺所需的溶液,可根据注射器外径和溶液流速来调整加工参数;接收装置用来接收沉积纤维,一般固定的平板接收装置接收的基本为无序的纤维。图 1.6 为传统的静电纺丝装置示意图。

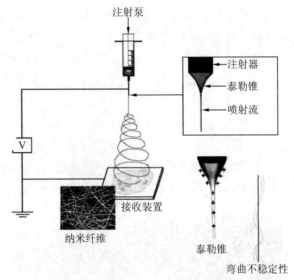

图 1.6　传统的静电纺丝装置示意图

　　为了得到取向纤维,也有研究人员采用转筒收集装置、外加电场束缚等方法[123]。Theron 等[124]改进了旋转式收集筒的形状,用锥形绕线筒来收集静电纺纤维。这种装置的电场主要集中在绕线筒边缘,目的在于吸引几乎所有的初纺纳米纤维,并连续卷绕于筒的边缘。Li 等[125]报道了一种简单且有效的制备平行取向纳米纤维的方法,以被间隙隔开的两块电极为接收装置,间隙的宽度从数百微米至几厘米不等,这种结构会使电场分布发生变化,从而改变纤维穿过绝缘间隙时的静电力方向。

1.5.3　静电纺丝的研究现状

　　静电纺丝这种思路 60 年前就产生了,20 世纪 90 年代初美国阿克伦大学的 Reneker 等对此项工艺产生了浓厚的兴趣,然而对于静电纺丝的大量实验工作和深层的理论研究,却是近十年才完成的。静电纺丝技术以其制造装置简易、纺丝成本低廉、可纺种类繁多、工艺可控等优点,已成为有效制备纳米纤维材料的主要途径之一。然而静电纺丝技术的应用仍存在一些亟待解决的问题:首先,可用于电纺的天然高分子的种类较少,对于产品的结构与性能的研究不够完善,而且大多研究仍处于探索试验阶段;其次,在静电纺有机/无机复合纤维时,要综合考虑纳米粒子的聚集方式、粒子间的协同效应、聚合物基体的性能、粒子与基体的界面结构性能及加工工艺。

静电纺丝技术在构筑一维纳米结构材料领域发挥了重要的作用,采用电纺技术已成功制备出了结构多样的纳米纤维材料。通过不同的制备方法,如改变喷头结构、引入外加场等,可以制备出实心、空心、核-壳结构的超细纤维或是蛛网结构的二维纤维膜;通过改变接收装置,可以获得单根纤维、纤维束、高度取向纤维等。对于静电纺丝的商业化仍要进一步探索:首先,要解决取向的问题,使得纤维束进行高度取向,取向纤维的应用范围更广泛;其次,喷头的增加,现在的大多数研究仍用单喷头装置,但是单喷头装置的产率低、成本高,这就要求大大增加喷头的数量,当采用多喷头装置时,还需解决多射流间的相互影响问题;最后,纤维的细化也很重要,纤维直径越小,其比表面积越大,性能也就越佳,因此,如何将纤维的平均直径降低到 20 nm 以下也是产业化的一大挑战。随着纳米技术的发展,静电纺丝技术作为一种简便而又有效的纳米纤维加工技术,会得到进一步的探索与应用,将在医用材料、过滤、防护、催化、能源、光电等领域发挥巨大的作用。

1.5.4　电纺制备的微/纳米纤维膜的应用

静电纺丝技术是一种简便易行、成本低廉且应用广泛的纳米纤维制备方法。在合适的条件下,可以将多种聚合物纺成纳米级别的超细纤维,并且可以在一定范围内控制纤维的直径、取向及纺织物的多孔性等特性。制备的纳米纤维的尺寸为数十纳米至 1 μm 左右,其具有独特的性能,如高比表面积、优异的力学性能、多孔性、质量轻等,广泛用于增强增韧聚合物、制备高性能、功能性复合材料,以及过滤、医学、防护、导电和光学领域等。

1.5.4.1 过滤材料

由于电纺制备的纤维可达纳米等级,形成的纤维毡质轻、比表面积大、孔隙率高,很适合用作过滤材料。Ki 等[126]通过静电纺丝法制备了一种 PAN 纳米纤维过滤材料,与普通的聚烯烃纤维、HEPA 和 ULPA 过滤材料相比,过滤效率显著提高。Wang 等[127]制备了一种由静电纺 PVA 交联支架和 PVA 水凝胶涂层组成的新型超滤膜,由于含有的交联结构低于 5%,所以该膜的孔隙率大于 80%。超滤测试结果发现,PVA 纳米纤维复合膜的过滤效率比薄膜复合材料高几倍,并且其过滤性能还可以通过控制纤维膜的厚度加以调节。Gopal 等[128]通过静电纺丝制备了孔径为 4.6 μm 的聚砜纳米纤维膜,使用该膜对聚苯乙烯颗粒进行过滤测试,发现该纳米纤维对于粒径为 7,8,9 μm 的聚苯乙烯颗粒的过滤效率高达 99%。

1.5.4.2 生物医药工程

随着静电纺丝技术的发展,特别是同轴静电纺丝技术的问世,聚合物纳米纤维成为一种新型的药物释放载体。研究表明,由于纳米纤维具有较高的比表面积,因其药物释放量比普通膜的药物释放量更大,并且释放时间也更长。用于创伤修复的纳米纤维及用于组织工程的纳米结构材料等也引起了人们的重视。静电纺丝聚乳酸纳米纤维已经用作骨细胞和间叶干细胞的生长基底,研究发现,细胞能够牢固地粘附在纤维上,并且沿着纤维方向生长[129]。

1.5.4.3 纳米电子器件

通过静电纺丝制备的发光纳米纤维材料因其优异的光学、电学性能而成为研究的热点。顾明波等[130]采用 Pechini 方法合成了 La_6WO_{12} : Eu^{3+} 纳米荧光粉,再通过静电纺丝法将该荧光粉与聚乙烯醇水溶液制成荧光纳米纤维膜,测试结果显示:该荧光纳米纤维膜可以被 InGaN 或 GaN 发光二极管有效激发而产生红光。迄今,静电纺丝纳米纤维膜已在太阳能电池、燃料电池等电学领域取得了一定的成果。Priya 等[131]通过静电纺丝制备了 PVDF-HFP 的纳米纤维毡,并以该纳米纤维制备的薄膜电解质为基础,制得半固体染料敏化太阳能电池。

1.5.4.4 催化领域

生物可降解材料包括纤维素、壳聚糖、聚乳酸等。使用静电纺丝制得的纳米纤维膜具备聚合物的特性,可以降解,对人体无害,同时又具备纳米纤维的高比表面积、高强度等特点[132,133]。电纺纳米纤维的高比表面积可以有效地提高催化剂的负载能力;高孔隙率更有利于降低底物的扩散阻力。Bognitzki 等[134]采用 L-PLA 进行电纺,为了得到表面多孔的纤维形态,采用了高挥发性的溶剂,得到的纤维膜可以作为生物催化载体使用。

1.6 导电聚苯胺的静电纺丝

目前,已有大量研究人员针对聚苯胺的电纺从不同角度做了大量的研究工作。关于聚苯胺的电纺,既可以进行纯聚苯胺电纺,也可以使其与其他聚合物复合制备复合纳米纤维,并且可以通过改变接收装置、添加外场及运用纤维的后处理工艺(原位聚合、热处理)等实现对纤维形态结构的调控,同时可以向纺丝液中添加少量的无机或有机的材料来达到功能复合或增强的目的。下面将从聚苯胺的单纺、聚苯胺与不同聚合物的共纺,以及导电纳米纤维的潜在应用领域进行系统的阐述。

1.6.1 纯聚苯胺纺丝纤维

聚苯胺在大多数有机溶剂中的溶解性不好,因此加工性能较差,但利用静电纺丝技术可以制备出聚苯胺微/纳米纤维膜。

Shahi 等[135]采用去掺杂态聚苯胺溶于 N-甲基吡咯烷酮(NMP)电纺制备聚苯胺纤维,但得到的是聚苯胺微/纳米粒子。其原因可能是纺丝液的黏性作用较小,在电场力的拉伸作用下崩裂成珠粒纤维。Yu 等[136]采用电纺工艺成功地制备了聚苯胺纳米纤维。将聚苯胺溶解在热硫酸中配制纺丝液,并以装有稀硫酸的凝固浴作为接收装置进行静电纺丝,得到的纤维平均直径约为 370 nm,电导率为 52.9 S · cm^{-1}。Srinivasan 等[137]采用电纺技术和后处理退火工艺制备出聚苯胺(PANI)超细纤维,并研究其可逆的氢储存能力。研究表明,与 PANI 粉末样品相比,PANI 超细纤维的耐热性能有一定的提高,退火后的纤维可以承受 150 ℃ 的高温,而且质量损失很小。

1.6.2　聚苯胺与其他聚合物复合纺丝纤维

虽然聚苯胺单独纺丝可以制备出电导率较高、直径较小的导电纤维,但其对设备的要求比较高,且纤维脆性较大,大大限制了其应用。为了制备出性能良好的聚苯胺纤维膜,可以将聚苯胺与其他聚合物混合后进行静电纺丝,常用的聚合物有聚氧化乙烯(PEO)、聚丙烯腈(PAN)、聚甲基丙烯酸甲酯(PMMA)、聚乙烯醇(PVA)、聚乳酸(PLA)等。

1.6.2.1　PANI/PEO 复合纤维

Norris 等[138]通过电纺制备了 PANI/PEO 复合纤维膜。研究表明,聚合物质量对纤维形貌有较大的影响,PANI 在氯仿中溶解性的限制,使其无法独立成纤,只有纺丝液中的 PEO 质量分数高于 2% 时才能形成稳定的射流。当纺丝液中 PANI 的质量分数为 11% ~ 50% 时,纤维的平均直径为 950 nm ~ 2.1 μm。Zhou 等[139]制备出了 PANI/PEO 复合纳米纤维膜,其纤维直径小于 30 nm。扫描电导显微镜的测试结果显示,直径小于 15 nm 的复合纤维是电绝缘的,产生该结果可能的原因是小尺寸的纤维可以实现完全去掺杂或是尺寸小于相分离的 PANI 和 PEO 的晶粒。Attout 等[140]采用一种新型的交替电场收集装置制备出了排列整齐、平均直径约为 130 nm 的 PANI/PEO 复合纳米纤维膜。研究表明,交替电场的存在可以使纤维平行排列于收集器的两个电极之间,且不影响纤维的直径和形态。Li 等[141]采用电纺技术结合热处理工艺制备出了含 3-氨丙基三乙氧基硅烷-

溴己烷(APTS-BH)的 PANI/PEO 多孔复合纤维膜,APTS-BH 在
热处理过程中会形成交联结构,复合纤维膜由二维结构转变为
三维网状结构,使得复合纤维膜可以在湿度较高的环境下使用,
且 PEO 不会因吸水而降解。

碳纳米管具有优异的力学性能、电学性能和传导性能,将其
应用到静电纺丝中,能够实现特定功能的复合和增强。
Sundaray 等[142] 利用电纺技术制备出了单壁碳纳米管
(SWCNTs)填充的高电导率 PANI/PEO 纳米纤维膜。研究表
明,随着 SWCNTs 质量分数的增加,复合纤维的直径和电导率均
增加。当 SWCNTs 质量分数为 11.9% 时,复合纤维膜的室温电
导率可达 1.2 S·cm^{-1},而不含碳纳米管的 PANI/PEO 复合纤维
膜的电导率仅为 3.55×10^{-4} S·cm^{-1}。Shin 等[143] 采用电纺技术
制备出了含多壁碳纳米管(MWCNTs)的 PANI/PEO 复合纳米纤
维膜。研究表明,MWCNTs 的加入有利于提高 PANI/PEO 复合
纳米纤维的电导率,这主要是由 MWCNTs 的自加热及复合纤维
的局部长度的变化所致。为了提高碳纳米管在导电基体中的分
散性和附着力,Im 等[144] 采用氟化技术改性碳纳米管表面,然后
再将其添加到纺丝液中,制备出了高电导率、高电磁屏蔽效率的
PANI/PEO/MWCNTs 复合纤维膜。Neubert 等[145] 采用电纺技
术制备出了高孔隙率的 PANI/PEO 复合纤维膜,再将其作为电
喷纳米 TiO$_2$ 的接收板,制备出了 PANI/PEO/TiO$_2$ 复合纤维膜。
该复合膜具有较高的电导率,且纳米 TiO$_2$ 能很好地分散在纤维
膜的孔洞中而不产生团聚。

1.6.2.2 PANI/PAN 复合纤维

陈勇等[146] 制备出了十二烷基苯磺酸(DBSA)掺杂的
PANI/PAN 复合纤维膜,纤维的最小直径可达 116 nm。研究表
明,DBSA 浓度对纳米纤维的直径有较大的影响,随着 DBSA 浓
度的增加,纺丝液的电导率逐渐增大,纤维的直径逐渐减小,且
纤维直径分布变窄。

曹铁平等[147] 采用静电纺丝首先制备聚丙烯腈/苯胺的前

驱纤维膜,然后再经化学氧化聚合制备出了 PANI/PAN 复合纤维膜,纤维直径约为 500 nm,电导率为 10^{-2} S·cm^{-1}。研究表明,PAN 浓度、苯胺质量和纺丝电压对纤维特性影响较大,PANI 在 PAN 基体中呈纳米尺寸分布,复合纤维膜具有良好的导电性能。

董宪君等[148]采用乳液共混法,在 *N*,*N*-二甲基甲酰胺(DMF)中进行聚苯胺的乳液聚合,并将该乳液与聚丙烯腈的 DMF 溶液共混形成 PANI/PAN 复合分散体系,通过静电纺丝技术制备出了 PANI/PAN 复合纳米纤维膜。研究表明,随着共混体系中 PAN 质量分数的增加,体系的黏度不断增加,而得到的纤维膜的电导率逐渐降低。

1.6.2.3　PANI/PMMA 核-壳复合纤维

PMMA 是静电纺丝常用的聚合物,具有良好的力学性能和较低的摩尔质量,能够用来制备核-壳纳米纤维。Dong 等[149]结合电纺和原位聚合技术制备出了 PANI/PMMA 同轴核-壳纳米纤维,纤维的直径约为 290 nm,原位聚合 PANI 层厚约 30 nm。研究表明,当纺丝液中聚合物摩尔质量较大或浓度较高时不易得到珠粒纤维,但纤维的直径会增大;随着溶剂介电常数的增大,纤维形态由珠粒过渡到串珠,最后形成均匀光滑的纤维;当有机盐四丁基氯化铵(TBAC)的加入量为 2%(质量分数)时,珠粒纤维的数量明显降低,但对纤维直径的细化影响较小。Wei 等[150]采用 PANI/PMMA 的混合纺丝液电纺制备核-壳纳米纤维,但得到的 PANI/PMMA 复合纤维中聚苯胺呈现出团聚孤岛状。

1.6.2.4　PANI/PVA 复合纤维

Shahi 等[135]将 PVA 和去掺杂 PANI 分别溶于蒸馏水和 NMP 中,再将两种溶液混合,采用电纺制备 PANI/PVA 复合纳米纤维膜。复合纤维呈现无规则形态并存在一些大的珠粒纤维,PANI 的加入使得复合纤维的热稳定性较纯 PVA 纤维有了明显的提高,但复合纤维的直径分布较宽大。

PANI-C(聚苯胺炭黑)与聚苯胺相比,具有更高的电导率、环境稳定性和力学性能。Sujith 等[151]制备出了 PANI-C/PVA 复合纤维膜。研究表明,当纺丝液中的 PVA 与 PANI-C 的质量相同时,得到的纺丝液具有最佳的纺丝性能。复合纤维膜经热处理后直径会显著降低,孔隙率明显提高,电导率也较原纤维提高了近 5 倍。

1.6.2.5　PANI 与其他聚合物的复合纤维

PLA 也是一种加工性能良好的高分子材料,具有生物降解能力[152],不会对环境造成污染,可以与 PANI 进行混合电纺。Picciani 等[153]采用电纺技术成功制备出了 PANI/PLA 复合纤维膜。当 PANI 质量分数范围为 0~5.6% 时,复合纤维膜具有均匀、光滑的表面,纤维直径在 87~1 006 nm。与同样条件下浇铸成型的 PANI/PLA 膜相比,前者具有较好的力学性能,但电导率要低两个数量级。研究表明,复合纤维的直径主要取决于 PANI 的浓度,同时纺丝电压和注射速率对其也有一定的影响[154]。

Wei 等[150]通过混合电纺制备导电的 PANI/PC、PANI/PS 核-壳纤维。聚碳酸酯(PC)、聚苯乙烯(PS)的表面张力要小于 PEO、PMMA,这使得前两者的 PANI 混合液的表面张力较小,减少了珠粒纤维的形成,从而促进了核-壳纤维的形成;采用摩尔质量较高的 PMMA 进行混合电纺时,虽然得到的纤维中存在着一定量的伸长 PANI 纤维,但仍出现团聚的 PANI 结构,纤维内部的 PANI 呈现分离态,由此可看出,聚合物摩尔质量的提高可以在一定程度上促进核-壳纤维的形成,但同时不利于分子链的运动,影响核-壳结构的形成。

Macagnano 等[155]制备出了 PANI/PS、PANI/PVP 复合纤维膜。研究表明,PANI/PS 复合纤维比较光滑,平均直径小于 300 nm,但含有少量的珠粒纤维;而 PANI/PVP 复合纤维呈枝状的无规则形态。Zampetti 等[156]通过电纺在一种纤维膜上沉积另一种纤维层,制备出了双层复合纤维膜,如 PANI-PS/PANI-PEO、PANI-PVP/PANI-PS、PANI-PVP/PANI-PEO,这三种双纤维层仍可以维持原来单纤维层的欧姆行为,而且有着更大的电导率。

Hong 等[157]通过电纺首先制备出了尼龙 6(PA6)纤维膜，然后将苯胺在 PA6 纤维膜上原位聚合制备出了 PANI/PA6 复合纤维膜。研究表明，苯胺聚合时间与纤维膜的体积电导率成正比，而与其表面电导率成反比；聚合时间为 3 h 时，所得到的复合纤维膜的体积电导率和表面电导率分别为 1.3 S·cm^{-1} 和 0.21 S·cm^{-1}。

1.6.3　聚苯胺导电纤维的应用

1.6.3.1　光电领域的应用

由于电纺过程射流的拉伸使 PANI 分子链沿纤维轴向取向，增加了电荷载流子的活动能力，成纤聚合物不仅具有辅助成纤的能力，还具有优异的力学性能，因此，两者形成的复合纤维膜具有良好的电学性能和力学性能，在光电领域有着广泛的应用前景。

Srinivasan 等[137]制备的 PANI 纳米纤维，在 25~125 ℃ 范围的可逆氢储存容量可达 3%~10%，是一种良好的储氢备用材料。Sundaray 等[142]制备出了 PANI/PEO/SWCNTs 复合纤维膜，单壁碳纳米管沿着基体纤维轴向排列大大提高了纤维膜电导率，并有望在高效电池电极和电磁屏蔽领域得到应用。Im 等[144]将静电纺丝制备的 PANI/PEO/MWCNTs 复合纤维膜用于电磁屏蔽材料。该材料的电磁干扰屏蔽效率可达 42 dB，克服了金属屏蔽材料的高密度、高成本、易腐蚀等缺陷，是一种较好的树脂基屏蔽材料。Neubert 等[145]制备了 PANI/PEO/TiO$_2$ 复合纤维膜，其可用于 2-氯乙基苯基硫醚(CEPS)的光催化反应，能够使有毒的 CEPS 转化为无毒的羟基乙基苯基硫化物(HEPS)。TiO$_2$ 纳米粒子在复合膜中的分散越好，光催化效率越高，当 TiO$_2$ 的质量分数为 12% 时，复合纤维膜对 CEPS 的净化率可达 11%。

1.6.3.2　微型传感器方面的应用

导电纳米纤维具有很大的比表面积、高孔隙率和电导率，能够将其直接沉积或间接转移到叉指电极上,再与外电路和测量室组装成微型电阻传感器,用于微量物质的检测。

Li 等[141]制备出了含有聚电解质的 PANI/PEO 复合纤维膜,可作为湿度传感材料。该复合纤维膜在室温下表现出较好的灵敏度、很小的滞后和较短的响应时间;当空气相对湿度从 22% 增加到 97% 时,阻抗从 $6.3×10^6$ Ω 下降为 $2.5×10^4$ Ω。Zampetti 等[155,156]研究了 PANI/PVP、PANI/PS、PANI/PEO 导电纤维膜对 NO_2、NO、NH_3 的气体传感性能。研究表明,气体体积分数在 $(20~1\ 000)×10^{-12}$ 范围内变化时,三种导电纤维膜对三种微量气体都有快速的响应和回复。PANI/PVP 纤维膜对于 NO_2 的灵敏度最高,对 NH_3 的灵敏度最低;PANI/PS 对 NO 的灵敏度最高;PANI/PEO 对 NH_3 的灵敏度较高,但对 NO_2、NO 的灵敏度较低。Ji 等[158]制备出了 PMMA/PANI 复合纤维膜,并用于检测微量的三乙胺气体。当三乙胺的体积分数在 $(20~500)×10^{-6}$ 范围内变化时,响应曲线呈线性、可逆,并有迅速的响应,可多次反复使用。三乙胺的体积分数为 $500×10^{-6}$ 时,传感器的传感级别高达 77。

1.6.3.3 生物医药方面的应用

Li 等[159,160]采用 PANI、蛋白质和明胶的混合物电纺制备含聚苯胺的明胶纤维膜。当 PANI 的质量分数在 0~5% 范围内变化时,明胶的物理化学性质会发生变化,得到的 PANI/明胶复合纤维膜可用作细胞生长的支撑材料。

Jun 等[161]首次制备出了乳酸和己内酯的共聚物(PLCL)/PANI 复合导电纤维膜,该复合纤维层可用作导电基体,在无须额外电刺激的条件下能够诱导成肌细胞为肌管,该材料可以作为临时的基体用于组织工程。Jeong 等[162]制备的 PLCL/PANI 复合纤维膜可以作为组织工程中的机械-微导电支架。

参考文献

[1] Ito T, Shirakawa H, Ikeda S. Simultaneous polymerization

and formation of polyacetylene film on the surface of a concentrated soluble Ziegler-type catalyst solution [J]. Journal of Polymer Science, Polymer Chemistry Editor, 1974,12(1): 11-20.

[2] Shirakawa H,Lowis E J,MacDiarmid A G,et al. Synthesis of electrically conducting organic polymers: Halogen derivatives of polyacetylene, (CH)$_x$ [J]. Journal of the Chemical Society,Chemical Communications,1977(16): 578-580.

[3] Chiang C K,Druy M A,Gau S C,et al. Synthesis of highly conducting films of derivatives of polyacetylene,(CH)$_x$[J]. Journal of the American Chemical Society, 1978, 100(3): 1013-1015.

[4] Su W P,Shrieffer J R,Heeger A J. Solitons in Polyacetyene [J]. Physical Review Letters,1979,42(25): 1698-1701.

[5] Kim Y,Fukai S,Kobayashi N.Photopolymerization of aniline derivatives in solid state and its application[J]. Synthetic Metals,2001,119(1-3): 337-338.

[6] Suri K,Annapoorni S,Sarkar A K,et al. Gas and humidity sensors based on iron oxide-polypyrrole nanocomposites[J]. Sensors and Actuators B Chemical,2002,81(2-3): 277-282.

[7] Panero S,Scrosati B,Baret M,et al. Electrochromic windows based on polyaniline,tungsten oxide and gel electrolytes[J]. Solar Energy Materials and Solar Cells,1995,39(2): 239-246.

[8] Ando M, Swart C, Pringsheim E, et al. Optical ozone detection by use of polyaniline film[J]. Solid State Ionics, 2002,152-153(1): 819-822.

[9] Lenz D M, Delamar M, Ferreira C A. Application of polypyrrole/TiO_2 composite films as corrosion protection of

mild steel[J]. Journal of Electroanalytical Chemistry,2003, 540: 35-44.

[10] Anderson M R, Mattes B R, Reiss H, et al. Conjugated polymer films for gas separation [J]. Science, 1991, 252 (5011): 1412-1415.

[11] Kwon C W,Poquet A,Mornet S E,et al. A new polypyrrole/ maghemite hybrid as a lithium insertion electrode [J]. Electrochemistry Communications,2002,4(2): 197-200.

[12] Brahim S, Narinesingh D, Guiseppi E A. Polypyrrole-hydrogel composites for the construction of clinically important biosensors [J]. Biosensor and Bioelectronics, 2002,17(1-2): 53-59.

[13] Kros A, Van H S, Nolte R J M,et al. A printable glucose sensor based on a poly(pyrrole)-latex hybrid material[J]. Sensors and Actuators B,2001,80(3): 229-233.

[14] Kathirgamanathan P, Kandappu V, Hara S, et al. Light emitting devices from organic charge transfer adduct thin films[J]. Materials Letters,1999,40(6): 285-293.

[15] Reid B D, Ebron V H M, Musselman I H. Enhanced gas selectivity in thin composite membranes of poly(3-(3-acetoxyethyl)thiopgene) [J].Journal of Membrane Science, 2002,195(2): 181-192.

[16] Li X G,Huang M R,Duan W,et al. Novel multifunctional polymers from aromatic diamines by oxidative polymerizations [J]. Chemical Reviews, 2002, 102(9): 2925-3030.

[17] Zhao X Y,Hu X,Yue C Y,et al. Synthesis,characterization and dual photochroic properties of azo-substituted polythiophene derivatives[J]. Thin Solid Film, 2002, 417 (1): 95-100.

[18] Li X G, Huang M R, Wang L X, et al. Synthesis and characterization of pyrrole and m-toluidine copolymers[J]. Synthetic Metals,2001,123(3): 435-441.

[19] Qu L T, Shi G Q, Yuan J Y, et al. Preparation of polypyrrole microstructures by direct electrochemical oxidation of pyrrole in an aqueous solution of camphorsulfonic acid [J]. Journal of Electroanalytical Chemistry,2004,561(1): 149-156.

[20] Barrors R A, Azevedo W M D, Aguiar F M D. Photo-induced polymerization of polyaniline [J]. Materials Characterization,2003,50(2): 131-134.

[21] Takamuku S,Takeoka Y,Rikukawa M. Enzymatic synthesis of polyaniline particles[J]. Synthetic Metals, 2003, 135-136(EX1-EX8): 331-332.

[22] Li X G, Duan W, Huang M R, et al. A soluble ladder copolymer from m-phenylenediamine and ethoxyaniline[J]. Polymer,2003,44(19): 5579-5595.

[23] Desurvile R, Jozefowicz M, Yu L Z. Electrochemical chain using prorolytic organic semiconductors [J]. Electrochem Acta,1968,(13): 1451-1458.

[24] MacDiarmid A G, Chiang J C, Halpern M, et al. Aqueous polymerization of polyacetylene and polyaniline: application to rechargeable batteries[J]. Polymer Preprint, 1984, 25 (2): 248-249.

[25] Zeng X R, Ko T M. Structures and propertie of chemically reduced polyanilines[J]. Polymer, 1998, 39 (5): 1187-1195.

[26] Morales G M, Miras M C, Barbero C. Anion effects on aniline polyerisation[J]. Synthetic Metals, 1999, 101 (1-3): 686.

[27] Patil R C, Patil S F, Mulla I S, et al. Effect of protonation medium on chemically and electrochemically synthesized polyaniline[J]. Polymer International, 2000, 49(2): 189–196.

[28] Dan A, Sengupta P K. Synthesis and characterization of polyaniline prepared in formic acid medium[J]. Journal of Applied Polymer Science, 2004, 91(2): 991–999.

[29] Ayad M M, Salahuddin N, Sheneshin M A. Optimum reaction conductions for in situ polyaniline films [J]. Synthetic Metals, 2003, 132(2): 185–190.

[30] Ayad M M, Shenashin M A. Polyaniline film deposition from the oxidative polymerization of aniline using $K_2Cr_2O_7$ [J]. European Polymer Journal, 2004, 40(1): 197–202.

[31] Sun Z C, Geng Y H, Li J, et al. Catalytic oxidization polymerization of aniline in an $H_2O_2 - Fe^{2+}$ system [J]. Journal of Applied Polymer Science, 1999, 72(8): 1077–1084.

[32] Martyak N M, McAndrew P, McCaskie J E, et al. Electrochemical polymerization of aniline from an oxalic acid medium[J]. Progress in Organic Coatings, 2002, 45(1): 23–32.

[33] Kanungo M, Kumar A, Contractor A Q. Studies on electropolymerization of aniline in the presence of sodium dodecyl sulfate and its application in sensing urea [J]. Journal of Electroanalytical Chemistry, 2002, 528 (1): 46–56.

[34] Mu S L, Chen C X, Wang J M. The kinetic behavior for the electrochemical polymerization of aniline in aqueous solution [J]. Synthetic Metals, 1997, 88(3): 249–254.

[35] Gospodinova N, Mokreva P, Terlemezyan L. Stable aqueous

dispersions of polyaniline [J]. Journal of the Chemical Society, Chemical Communications, 1992, (13): 923-924.

[36] Wudl F, Angus R U, Lu F L, et al. Poly (*p*-phenylene-amineimine): Synthesis and comparsion to polyaniline [J]. Journal of American Chemical Society, 1987, 109 (12): 3677-3684.

[37] Wnek G E. A proposal for the mechanism of conduction in polyaniline [J]. Synthetic Metals, 1986, 15 (2-3): 213-218.

[38] MacDiarmid A G, Chaing J C, Richter A F, et al. Polyaniline: a new concept in conducting polymers [J]. Synthetic Metals, 1987 (1-3), 18: 285-290.

[39] Stafstrom S, Bredas J L, Epstein A J, et al. Polaron lattice in highy conducting polyaniline: theortical and optical studies [J]. Physical Review Letters, 1987, 59 (13): 1464-1467.

[40] 景遐斌, 唐劲松, 王英, 等. 掺杂态聚苯胺链结构的研究 [J]. 中国科学 B 辑, 1990 (1): 15-20.

[41] Epstein A J, Ginder J M, Zuo F, et al. Insulator-to-mental transition polyanilie [J]. Synthetic Metals, 1987, 18 (1-3): 303-309.

[42] Zuo F, Angelopoulos M, MacDiarmid A G, et al. Transport studies of protonated emeraldine polymer: a granular polymeric metal system [J]. Physical Review B, 1987, 36 (6): 3475-3482.

[43] Zuo F, Angelopoulos M, MacDiarmid A G, et al. AC conductivity of emeraldine polymer [J]. Physical Review B, 1989, 39 (6): 3570-3578.

[44] Javdai H H S, Laversanne R, Epstein A J, et al. ESR of protonated emeraldine: insulator to mental transition [J]. Synthetic Metals, 1989, 29 (1): 439-444.

[45] McCall R P, Roe M G, Ginder J M, et al. IR absorption, photoinduced IR absordtion, and photoconductivity of polyaniline[J]. Synthetic Metals,1989,29(1): 433-438.

[46] Mohilner D M, Adams R N, Argersinger W J.Investigation of the kinetics and mechanism of the anodic oxidation of aniline in aqueous sulfuric acid solution at a platinum electrode[J]. Journal of the American Chemical Society, 1962,84(19): 3618-3622.

[47] Bacon J, Adoms R N.Anodic oxidations of aromatic amines. Ⅲ. Substituted anilines in aqueous media[J]. Journal of the American Chemical Society,1968,90(24): 6596-6599.

[48] Wei Y, Sun Y, Tang X. Autoacceleration and kinetics of electrochemical polymerization of aniline[J]. The Journal of Physical Chemistry,1989,93(13): 4878-4881.

[49] Prevost V, Petit A, Pla F. Studies on chemical oxidative copolymerization of aniline and o-alkoxysulfonated aniline. Ⅱ.Mechanistic approach and monomer reactivity ratios[J]. Eurpean Polymer Journal,1999,35(7): 1229-1236.

[50] Sdki S, Schottland P, Brodie N, et al. The mechanisms of pyrrole electropolymerization[J].Chemical Society Reviews, 2000,29: 283-293.

[51] Sivakumar C, Gopalan A, Vasudevan T. Course of conducting poly (1, 6-Heptadiyne) formation through ultraviolet-visible spectroscopy [J]. Polymer, 1999, 40 (26): 7427-7431.

[52] Malinauskas A, Holze R. In situ spectroelectrochemical evidence of an EC mechanism in the electrooxidation of N-methylaniline [J]. Berichte der Bunsengesellschaft für Physikalische Chemie,1997,101(12): 1859-1864.

[53] Johnson B J, Park S M. Electrochemistry of conductive

polymers. XX. early stages of aniline polymerization studied by spectroelectrochemical and rotating-ring-disk electrode techniques [J]. Journal of the Electrochemical Society, 1996,143(4): 1277-1282.

[54] Leger J M, Beden B, Lamy C, et al. Investigation of the early stages of the electropolymerization of o-toluidine by UV-Vis reflectance spectroscopy [J]. Synthetic Metals, 1994, 62 (1): 9-15.

[55] Malinauskas A, Holze R. UV-Vis spectroelectrochemical detection of intermediate species in the electropolymerization of an aniline derivative[J]. Electrochimica Acta, 1998, 43 (16-17): 2413-2422.

[56] Malinauskas A, Holze R. An in situ UV-vis spectroelectro-chemical investigation of the initial stags in the elelctrooxi-dation of selected ring- and N-alkylsubstituted anilines[J]. Electrochimica Acta, 1999, 44(15): 2613-2623.

[57] Neoh KG, Kang E T, Tan K L. Chemical copolymerization of aniline with haloge-substituted anilines [J]. European Polymer Journal, 1990, 26(4): 403-407.

[58] Diaz F R, Sanchez C O, Valle M A, et al. Synthesis, characterization and electrical properties of poly (2, 5-2, 3- and 3, 5-dichloroaniline) s. Part Ⅱ. copolymers with aniline [J]. Synthetic Metals, 2001, 118(1-3): 25-31.

[59] Conklin J A, Huang S C, Huang S M, et al. Thermal properties of polyaniline and poly(aniline-co-o-ethylaniline) [J]. Macromolecules, 1995, 28(19): 6522-6527.

[60] Bergeron J Y, Dao L H. Electrical and physical properties of new electrically conducting quasi composites. Poly (aniline-co-N-butylaniline) copolymers[J]. Macromolecules, 1992, 25(13): 3332-3337.

[61] Li X G, Zhou H J, Huang MR. Synthesis and properties of processible oxidative copolymers from N-ethylaniline with aniline[J]. Journal of Polymer Science, Part A: Polymer Chemistry, 2004, 42(23): 6109-6124.

[62] Fan J H, Wan M X, Zhu D B. Synthesis and properties of aniline and o-aminobenzenesulfonic acid copolymer [J]. Chinese Journal of Polymer Science, 1999, 17 (2): 165-170.

[63] Huang W S, Humphrey B D, MacDiarmid A G. Polyaniline, a novel conducting polymer [J]. Journal of Chemical Society, Faraday Transactions, 1986, 82: 2385-2400.

[64] Kang E T, Neoh K G, Tan K L. Polyaniline: a polymer with many interesting intrinsic redox states [J]. Progress in Polymer Science, 1998, 23(2): 277-324.

[65] Haba Y, Segal E, Narkis M, et al. Polymerization of aniline in the presence of DBSA in an aqueous dispersion [J]. Synthetic Metals, 1999, 106(1): 59-66.

[66] Wei X L, Epstein A J. Synthesis of highly sulfonated polyaniline[J]. Synthetic Metals, 1995, 74(2): 123-125.

[67] Shimizu S, Saitoh T, Uzawa M, et al. Synthesis and application of sulfonated polyaniline[J]. Synthetic Metals, 1997, 85(1-3):1337-1338.

[68] Mattaso L H C, Faria R M, Bulhoes L O S, et al. Synthesis, doping, and processing of high molecular weight poly (o-methylanline) [J]. Journal of Polymer Science, Part A: Polymer Chemistry, 1994, 32(1): 2147-2153.

[69] Kumar D. Poly (o-toluidine) polymer as elctrochromic material [J]. European Polymer Journal, 2001, 37 (8): 1721-1725.

[70] Patil S, Mahajan J R, More M A, et al. Electrochemical

synthesis of poly (*o*-methoxyaniline) thin films: effect of post treatment[J]. Materials Chemistry and Physics, 1999, 58(1): 31-36.

[71] Choi H J, Kim J W, To K. Electrorheological characteristics of semiconducting poly (anilne-co-*o*-ethoxyaniline) suspension [J]. Polymer, 1999, 40(8): 2163-2166.

[72] Koval' chuk E P, Whittingham S, Skolozdra O M, et al. Co-polymers of aniline and nitroanilines. Part I. Mechanism of aniline oxidation polycondensation[J]. Materials Chemistry and Physics, 2001, 69(1-3): 154-162.

[73] Falcou A, Longeau A, Maracq D, et al. Preparation of soluble N and *o*-alkylated polyanilines using a chemical biphasic process[J]. Synthetic Metals, 1999, 101(1-3): 647-648.

[74] Kang E T, Neoh K G, Tan K L, et al. Charge transfer interactions and redox states in poly (*N*-methylaniline) and its complexes [J]. Synthetic Metals, 1992, 48 (2): 231-240.

[75] Ye S Y, Do N T, Dao L H, et al. Electrochemical preparation and characterization of conducting copolymers: poly(aniline-co-*N*-butylaniline) [J]. Synthetic Metals, 1997, 88 (1): 65-72.

[76] Huang G W, Wu K Y, Hua M Y, et al. Structures and properties of the soluble polyanilines, *N*-alkylated emeraldine bases[J]. Synthetic Metals, 1998, 92(1): 39-46.

[77] Mikhael M G, Padias A B, Hall H K. *N*-alkyation and *N*-actylation of polyaniline and its effect on solubility and electrical conductity[J]. Journal of Polymer Science, Part A: Polymer Chemistry, 1997, 35(9): 1673-1679.

[78] Chevalier J W, Bergeron J Y, Dao L H. Poly (*N*-benzylaniline): a soluble electrochromic conducing polymer

[J]. Polymer Communications,1989,30(10): 308-310.

[79] Hua M Y,Su Y U,Chen S A. Water-soluble self-acid-doped conducting polyaniline: poly (aniline-co-*N*-propylbenzene-sulfonic acid-aniline) [J]. Polymer,2000,41(2): 813-815.

[80] DeArmitt C, Armes S P, Winter J, et al. A novel *N*-substituted polyaniline derivative [J]. Polymer, 1993, 34 (1): 158-162.

[81] Nguyen M T, Kasai P, Miller J L, et al. Synthesis and properties of novel water-soluble conducting polyaniline copolymers [J]. Macromolecules, 1994, 27 (13): 3625-3631.

[82] Zheng W Y,Levon K,Loakso J,et al. Characterization and solid-state properties of processable *N*-alkyated polyaniline in the neutral state [J]. Macromolecules, 1994, 27 (26): 7754-7768.

[83] Chen S Λ,Hwang G W. Synthesis of water-soluble self-acid-doped polyaniline [J]. Journal of the American Chemical Society,1994,116(17): 7939-7940.

[84] Chen S A, Hwang G W. Water-soluble self-acid-doped conducting polyaniline: structure and properties[J]. Journal of the American Chemical Society,1995,117(6): 10055-10062.

[85] Zhao B Z, Neoh K G, Kang E T. Concurrent *N*-alkylation and doping of polyaniline by alkyl halide[J]. Chemistry of Materials,2000,12(6): 1800-1806.

[86] Hang P,Genies E M. Polyanilines with covalently bonded alkyl sulfonates as doping agent: synthesis and properties [J]. Synthetic Metals,1989,31(3): 369-378.

[87] Oka O, KiyoHara O, Yoshino K. Preparation of highly

soluble *N*-substituted polyanilines and their novel solvatochromism[J]. Japanese Journal of Applied Physics, 1991,30(4A): L653-L656.

[88] MaCoy C H, Lorkovic I M, Wrighton M S. Potential dependent nucleophilicity of polyaniline[J]. Journal of the American Chemical Society,1995,117(26): 6934-6943.

[89] Manohar S K, MacDiarmid A G.*N*-substituted derivatives of polyaniline[J]. Synthetic Metals,1989,29(1): 349-356.

[90] Chevalier J W, Bergeron J Y, Dao L H. Synthesis, characterization, and properties of poly (*N*-alkyanilines) [J]. Macromolecules,1992,25(13): 3325-3331.

[91] Dao L H,Bergeron J Y,Chevalier J W,et al. Spectroscopic studies of soluble poly (*N*-alkyl aniline) in solution and in cased films[J]. Synthetic Metals, 1991, 41 (1 – 2): 655 – 659.

[92] Langer J J. *N*-substituted polyanilines: poly (*N*-methylaniline) and related copolymers[J]. Synthetic Metals,1990, 35 (3): 295-300.

[93] Watanabe A, Mori K, Iwabuchi A, et al. Electrochemical polymerization of aniline and *N*-alkylanilines [J]. Macromolecules,1989,22(9): 3521-3525.

[94] Ye S Y,Besner S,Dao L H,et al. Electrochemistry of poly (aniline-co-*N*-butylaniline) copolymer: comparison with polyaniline and poly (*N*-butylaniline) [J]. Journal of Electroanalytical Chemistry,1995,381(1–2): 71-80.

[95] Dao L H, Guay J, Leclerc M. Poly (*N*-arylanilines): Synthesis and spectroelectro-chemistry [J]. Synthetic Metals,1989,29(1): 383-388.

[96] Dong S J, Li Z. Electrochemical polymerization and characterization of *N*-benzylaniline [J]. Synthetic Metals,

1989,33(1): 93-98.

[97] Conklin J A,Anderson M R,Kaner R B. Anhydrous halogen acid doping polyaniline films and its effect on permeability [J]. Polymer Preprints,1994,35: 313-314.

[98] Conklin J A, Anderson M R, Reiss H, et al. Anhydrous halogen acid interaction with polyaniline membranes: a gas permeability study [J]. Journal of Physical Chemistry, 1996,100(20): 8425-8429.

[99] Rebattet L, Escoubes M, Genies E, et al. Effect of doping treatment on gas transport properties and on separation factors of polyaniline membranes [J]. Journal of Applied Polymer Science,1995,57(13): 1595-1604.

[100] Conklin J A, Su T M, Huang S C, et al. Gas and liquid separation application of polyaniline membranes [M]. 2nd ed. Handbook of Conducting Polymers,1997,945-961.

[101] Rebattet L, Pineri M, Escoubes M, et al. Gas sorption in polyaniline powders and gas permeation in polyaniline films [J]. Synthetic Metals,1995,71(1-3): 2133-2137.

[102] Yang J P,Sun Q S,Hou X H,et al. Separation properties of free-standing film of polyaniline [J]. Chinese Journal of Polymer Science,1993,11(1): 121-124.

[103] Wang H L, Mattes B R. Gas transport and sorption in polyaniline thin film [J]. Synthetic Metals, 1999, 102(1-3): 1333-1334.

[104] Illing G,Hellgardt K,Wakeman R J,et al. Preparation and characterization of polyaniline based membranes for gas separation [J]. Journal of Membrane Science, 2001, 184 (1): 69-78.

[105] Mattes B R, Anderson M R, Conklin J A, et al. Morphological modification of polyaniline films for the

separation of gases [J]. Synthetic Metals, 1993, 57(1):
3655-3660.

[106] Chang M J, Myerson A S, Kwei T K. Gas transport in ring substituted polyanilines [J]. Polymer Engineering and Science, 1997, 37(5): 868-875.

[107] Su T M, Kwon A H, Lew B M, et al. Synthesis and gas separation studies of substituted polyaniline membranes[J]. Polymer preprints, 1996, 37: 670-671.

[108] Li X G, Huang M R, Gu G F, et al. Actual air separation through poly(aniline-co-toluidine)/ethylcellulose blend thin-film composite membranes [J]. Journal of Applied Polymer Science, 2000, 75(3): 458-463.

[109] Li X G, Huang M R, Zhu L H, et al. Synthesis and air separation of soluble terpolymers from aniline, toluidine, and xylidine[J]. Journal of Applied Polymer Science, 2001, 82 (4): 790-798.

[110] Li X G, Huang M R. Air separation characteristics with liquid crystalline alkyl cellulose blend thin-film composite membranes[J]. Die Angewandte Makromolekulare Chemie, 1994, 220: 151-161.

[111] 孙东豪. 聚(*N*-甲基)苯胺电极材料的电化学性质研究 [J]. 电源技术, 1999, 23(S1): 91-93.

[112] 孙东豪. 聚(*N*-甲基)苯胺作为蓄电池阴极活性材料的电化学性能研究[J]. 苏州大学学报(自然科学), 1998(2): 83-87.

[113] Sivakumar R, Saraswathi R. Characterization of poly(*N*-methylaniline) as a cathode active material in aqueous rechargeable batteries[J]. Journal of Power Sources, 2002, 104(2): 226-233.

[114] Kim E, Lee K Y, Lee M H, et al. Electrochromic window

based on poly (aniline N-butylsulfonate) s with a radiation-cured solid polymer electrolyte film [J]. Journal of the Electrochemistry Society, 1997, 144(1): 227-232.

[115] Kim E, Lec K Y, Lee M H, et al. All solid-state electrochromic window based on poly (aniline N-butylsulfonate) s [J]. Synthetic Metals, 1997, 85 (1 - 3): 1367-1368.

[116] Jung S, Kim H, Han M, et al. Layer-by-layer assembly of poly (aniline-N-butylsulfonate) s and their electrochromic properties in an all solid state window [J]. Materials Science and Engineering C, 2004, 24(1-2): 57-60.

[117] Athawale A A, kulkarni M V. Polyaniline and its derivatives as sensor for aliphatic alcohols [J]. Sensors and Actuators B, 2000, 67(1-2): 173-177.

[118] Hatfield J V, Neaves P, Hicks P J, et al. Towards an integrated electronic nose using conducting polymer sensors [J]. Sensors and Actuators B: Chemical, 1994, 18(1-3): 221-228.

[119] Yano J, Kokura M, Ogura K. Electrocatalytic behaviour of a poly (N-methylaniline) filmed electrode to hydroquinone [J]. Journal of Applied Electrochemisty, 1994, 24 (11): 1164-1169.

[120] Shah K, Iroh J. Electrochemical synthesis and corrosion behavior of poly(N-ethyl aniline) coatings on Al-2024 alloy [J]. Synthetic Metals, 2002, 132(1): 35-41.

[121] 王磊, 张立群, 田明. 静电纺丝聚合物纤维的研究进展 [J]. 现代化工, 2009, 29(2): 28-32.

[122] Formhals A. Process and apparatus forpreparing artificial threads: US, 1975504[P]. 1934-10-02.

[123] Deitzel J M, Kleinmeyer J D, Hirvonen J K, et al. Controlled

deposition of electrospun poly (ethylene oxide) fibers [J]. Polymer, 2001, 42(19): 8163-8170.

[124] Theron A, Zussman E, Yarin A L. Electrostatic field-assisted alignment of electrospun nanofibers [J]. Nanotechnology, 2001, 12(3): 384-390.

[125] Li D, Wang Y, Xia Y. Electrospinning of polymeric and ceramic nanofibers as uniaxially aligned arrays [J]. Nano Letters, 2003, 3(8): 1167-1171.

[126] Ki M Y, Christopher J H, Yasuko M, et al. Nanoparticle filtration by electrospun polymer fibers [J]. Chemical Engineering Science, 2007, 62(17): 4751-4759.

[127] Wang A, Fang D, Yoon K, et al. High performance ultra-filtration composite membranes based on poly (vinyl alcohol) hydrogel coating on crosslinked nanofibrous poly (vinyl alcohol) scaffold[J]. Journal of Membrane Science, 2006, 278(1-2): 261-268.

[128] Gopal R, Kaur S, Feng C Y, et al. Electrospun nanofibers polysulfone membranes as pre-filters: particulate removal [J]. Journal of Membrane Science, 2007, 289(1-2): 210-219.

[129] Dersch R, Steinhart M, Boudriot U. Nanoprocessing of polymers: applications in medicine, sensors, catalysis, photonics[J]. Polymers for Advanced Technologies, 2005, 16(2-3): 276-282.

[130] 顾明波, 王开涛, 秦传香, 等. La_6WO_{12}: Eu^{3+} 纳米荧光粉的合成及荧光纳米纤维膜的制备[J]. 发光学报, 2011, 32(6): 555-560.

[131] Priya A R S, Subramania A, Jung Y S, et al. High-performance quasi-solid-state dye-sensitized solar cell based on an electrospun PVDF-HFP membrane electrolyte [J].

Langmuir,2008,24(17): 9816-9819.

[132] Zarkoob S,Reneker R H,Eby R K,et al. Synthetically spun silk nanofibers and a process for making the same: US, 6110590[P]. 2000-08-29.

[133] McCann J T,Marquez M,Xia Y N. Highly porous fibers by electrospinning into a cryogenic liquid[J]. Journal of the American Chemical Society,2006,128(5): 1436-1437.

[134] Bognitzki M,Czado W,Frese T,et al. Nanostructured fibers via electrospinning[J]. Advanced Materials,2001,13(1): 70-71.

[135] Shahi M, Moghimi A, Naderizadeh B, et al. Electrospun PVA-PANI and PVA-PANI-AgNO$_3$ composite nanofibers [J]. Scientia Iranica,2011,18(6): 1327-1331.

[136] Yu Q Z, Shi M M, Deng M, et al. Morphology and conductivity of polyaniline sub-micron fibers prepared by electrospinning[J]. Materials Science and Engineering B, 2008,150(1): 70-76.

[137] Srinivasan S S, Ratnadurai R, Niemann M U, et al. Reversible hydrogen storage in electrospun polyaniline fibers [J]. International Journal of Hydrogen Energy, 2010, 35 (1): 225-230.

[138] Norris I D, Shaker M M, Ko F K, et al. Electrostatic fabrication of ultrafine conducting fibers: polyaniline/ polyethylene oxide blends[J]. Synthetic Metals,2000,114 (2): 109-114.

[139] Zhou Y X, Freitag M, Hone J, et al. Fabrication and electrical characterization of polyaniline-basednanofibers with diameter below 30 nm[J]. Applied Physics Letters, 2003,83(18): 3800-3802.

[140] Attout A, Yunus S, Bertrand P. Electrospinning and

alignment of polyaniline-based nanowires and nanotubes[J]. Polymer Engineering and Science, 2008, 48（9）: 1661-1666.

[141] Li P, Li Y, Ying B Y, et al. Electrospun nanofibers of polymer composite as a promising humidity sensitive material [J]. Sensors and Actuators B, 2009, 141(2): 390-395.

[142] Sundaray B, Choi A, Park Y W. Highly conducting electrospun polyaniline-polyethylene oxide nanofibrous membranes filled with single-walled carbon nanotubes[J]. Synthetic Metals, 2010, 160(9): 984-988.

[143] Shin M K, Kim Y J, Kim S I, et al. Enhanced conductivity of aligned PANI/PEO/MWNT nanofibers by electrospinning [J]. Sensors and Actuators B, 2008, 134(1): 122-126.

[144] Im J S, Kim J G, Lee S H, et al. Enhanced adhesion and dispersion of carbon nanotube in PANI/PEO electrospun fibers for shielding effectiveness of electromagnetic interference[J]. Colloids and Surfaces A: Physicochemical and Engineering Aspects, 2010, 364(1-3), 151-157.

[145] Neubert S, Pliszka D, Thavasi V, et al. Conductive electrospun PANI-PEO/TiO$_2$ fibrous membrane for photo catalysis[J]. Materials Science and Engineering B, 2011, 176(8): 640-646.

[146] 陈勇,熊杰,常怀云. PANI-DBSA 对静电纺 PAN 纳米纤维直径的影响[J]. 纺织学报,2010,31(7): 16-20.

[147] 曹铁平,李跃军,王莹,等. 静电纺丝法制备聚丙烯腈/聚苯胺复合纳米纤维及其表征[J]. 高分子学报,2010(12): 16-20.

[148] 董宪君,黄锋林,王清清,等. 乳液共混法制备 PANI/PAN 复合纳米纤维[J]. 化工新型材料,2011,39(11): 50-52.

[149] Dong H, Nyame V, Macdiarmid A G, et al. Polyaniline/poly

(methyl methacrylate) coaxial fibers: the fabrication and effects of the solution properties on the morphology of electrospun core fibers[J]. Journal of Polymer Science, Part B: Polymer Physics, 2004, 42(21): 3934-3942.

[150] Wei M, Lee J, Kang B, et al. Preparation of core-sheath nanofibers from conducting polymer blends [J]. Macromolecular Rapid Communications, 2005, 26 (14): 1127-1132.

[151] Sujith K, Asha A M, Anjali P, et al. Fabrication of highly porous conducting PANI-C composite fiber mats via electrospinning[J]. Materials Letters, 2012, 67(1): 376-378.

[152] 王宸宏, 李弘, 王玉琴. 聚乳酸类生物降解性高分子材料研究进展[J]. 离子交换与吸附, 2001, 17(4): 369-378.

[153] Picciani P H S, Medeiros E S, Pan Z L, et al. Structural, electrical, mechanical, and thermal properties of electrospun poly (lactic acid)/polyaniline blend fibers [J]. Macromolecular Materials and Engineering, 2010, 295(7): 618-627.

[154] Picciani P H S, Soares B G, Medeiros E S, et al. Electrospinning of polyaniline/poly (lactic acid) ultrathin fibers: process and statistical modeling using a non-gaussian approach [J]. Macromolecular Theory and Simulations, 2009, 18: 528-536.

[155] Macagnano A, Zampetti E, Pantalei S, et al. Nanofibrous PANI-based conductive polymers for trace gas analysis[J]. Thin Solid Films, 2011, 520(3): 978-985.

[156] Zampetti E, Pantalei S, Scalese S, et al. Biomimetic sensing layer based on electrospun conductive polymer webs [J]. Biosensors and Bioelectronics, 2011, 26(5): 2460-2465.

[157] Hong K H, Oh K W, Kang T J. Preparation of conducting nylon-6 electrospun fiber webs by the in situ polymerization of polyaniline [J]. Journal of Applied Polymer Science, 2005,96(4): 983−991.

[158] Ji S Z, Li Y, Yang M J. Gas sensing properties of a composite composed of electrospun poly (methyl methacrylate) nanofibers and in situ polymerized polyaniline [J]. Sensors and Actuators B,2008,133(2): 644−649.

[159] Li M Y, Guo Y, Wei Y, et al. Electrospinning polyaniline contained gelatin nanofibers for tissue engineering applications[J]. Biomaterials,2006,27(13): 2705−2715.

[160] Li M Y, Bidez P, Tretter E G, et al. Electroactive and nanostructured polymers as scaffold materials for neuronal and cardiac tissue engineering [J]. Chinese Journal of Polymer Science,2007,25(4): 331−339.

[161] Jun I, Jeong S, Shin H. The stimulation of myoblast differentiation by electrically conductive sub-micron fibers [J]. Biomaterials,2009,30(11): 2038−2047.

[162] Jeong S I, Jun I D, Choi M J, et al. Development of electroactive and elastic nanofibers that contain polyaniline and poly(L-lactide-co-ε-caprolactone) for the control of cell adhesion [J]. Macromolecular Bioscience, 2008, 8 (7): 627−637.

第 2 章　*N*-乙基苯胺与苯胺的溶液聚合

2.1　概述

聚苯胺具有较好的电性能、电化学性能和光学性能,以及很好的环境稳定性,被认为是最具有开发潜力的一类导电聚合物。但是由于苯环的存在使分子链刚性增加,以及相邻分子链间的氢键作用,使聚苯胺在有机溶剂中的溶解性较差,只能溶于少数强极性溶剂中(NMP、DMSO、浓硫酸)[1-4]。为了改善其溶解性能,研究者采用了不同的方法,如采用功能质子酸掺杂[5] 及在其分子链上引入取代基。从结构上分析,苯胺分子中存在三个反应点:苯环上胺基的邻位、间位及胺基上的氢原子。在苯环上引入其他侧基,如烷基、烷氧基、硝基和卤素原子等取代基[6-9],虽然可以改善聚苯胺的溶解性能,但所得到的聚合物的摩尔质量较小;而在苯胺的 *N* 位上引入取代基,可以得到摩尔质量较大的 *N*-取代聚苯胺[10-15]。

N-取代聚苯胺可以通过对聚苯胺进行烷基化而得到,也可以采用 *N*-取代苯胺与其他单体共聚得到。Huang 和 Zheng 等[15-18]采用不同的烷基卤化物与聚苯胺进行 *N* 位取代,得到了一系列 *N*-取代聚苯胺,如 *N*-丁基聚苯胺、*N*-己基聚苯胺、*N*-辛基聚苯胺、*N*-十二烷基聚苯胺、*N*-十六烷基聚苯胺等,这些聚合物在有机溶剂中都具有较好的溶解性,通过控制反应体系中的投料比,可以得到取代度为 40% ~ 83% 的取代产物。Kang 等[13,19-22]通过化学氧化聚合和电化学聚合法,以 *N*-取代苯胺为单体制备出了一系列的 *N*-取代聚苯胺,如聚(*N*-甲基苯胺)、聚

(*N*-乙基苯胺)、聚(*N*-丙基苯胺)、聚(*N*-丁基苯胺)、聚(*N*-十二烷基苯胺)。随着取代基中碳原子数的增多,聚合产物从粉末状逐渐变为胶黏状,同时溶解性能也逐渐提升。Ye 和 Bergeron[14,23]研究了苯胺与 *N*-丁基苯胺的化学氧化共聚反应,并对所得的聚合物进行了表征,动力学研究结果表明,两者的共聚竞聚率分别为 0.4 和 8.9。

本章采用溶液聚合法,在酸性介质中合成了一系列 *N*-乙基苯胺(EA)与苯胺(AN)的共聚物,并系统地讨论了聚合体系中的聚合条件,如单体摩尔配比、氧化剂用量及种类、反应介质和聚合温度等对聚合物产率、摩尔质量(或特性黏数[η])、溶解性能和电导率的影响;采用红外光谱、紫外可见光谱、元素分析、核磁共振氢谱和宽角 X 射线衍射等方法对聚合物的结构进行表征。此外,还研究了共聚物的成膜性能,并对所得聚合物膜的力学性能进行了测试。利用共聚物的 ^{1}H-NMR 谱,计算得出苯胺与 *N*-乙基苯胺在 1.0 mol/L HCl/$(NH_4)_2S_2O_8$ 共聚体系中的竞聚率。

2.2　实验部分

2.2.1　主要试剂

本实验所用的主要化学试剂如表 2.1 所示。

表 2.1　主要试剂一览表

名称	规格	生产厂家
苯胺	分析纯	上海试剂三厂
N-乙基苯胺	分析纯	德国 Merck-Schuchardt 公司
过硫酸铵 [$(NH_4)_2S_2O_8$]	分析纯	上海爱建试剂有限公司
浓盐酸（HCl）	分析纯	上海试剂四厂昆山分厂
浓硫酸（H_2SO_4）	分析纯	上海硫酸厂
硝酸（HNO_3）	分析纯	上海振兴化工厂
磷酸（H_3PO_4）	分析纯	上海菲达工贸有限公司和桥分公司
冰乙酸（CH_3COOH）	分析纯	中国医药集团上海化学试剂公司

另外，1-甲基-2-吡咯烷酮（NMP）、*N*，*N*-二甲基甲酰胺（DMF）、二甲基亚砜（DMSO）、四氢呋喃（THF）、氯仿（CHCl₃）、甲酸等均为分析纯。

2.2.2　仪器和测试

（1）溶解性能

采用定性分析的方法对聚合物的溶解性能进行测定，称取 0.01 g 左右的样品，加入 1 mL 溶剂，搅拌 2 h 后观察其溶解情况，记录聚合物在各种不同溶剂中的溶解程度及溶液的颜色。

（2）特性黏数的测定

在 25 ℃下，以 NMP 为溶剂，采用称重增浓法在乌氏黏度计中测得聚合物的特性黏数。

（3）摩尔质量及其分布测试（GPC）

采用 HP 1100 凝胶渗透色谱仪对聚合物进行摩尔质量测定，以 THF 为流动相。色谱柱为 PL-gel mixed C×2，PL gel 5 μm，以摩尔质量在 500~10⁶ g/mol 的单分散聚苯乙烯为标样。

（4）元素分析

采用 EA 1110 元素分析仪进行测试，用灼烧法对 C、H 和 N 的含量进行定量分析。

（5）红外光谱（FT-IR）测试

采用 Nicolet FT-IR 5DXC 傅里叶变换红外光谱仪进行测试，测试波数为 400~4 000 cm⁻¹，用 KBr 压片制备试样。

（6）紫外可见光谱（UV-vis）测试

采用 Perkin Elmer Lambda 35 紫外可见光光谱仪进行测试，扫描范围为 190~1 100 nm，扫描速度为 480 nm/min，溶剂为 DMF，测试温度为 25 ℃。

（7）高分辨核磁共振氢谱（¹H-NMR）测试

采用 Bruker DMX-500 核磁共振波谱仪进行测试，扫描频率为 500.13 MHz，以 DMSO-d₆ 为测试溶剂。

（8）宽角 X 射线衍射（WAXD）测试

采用 Bruker D8-Advance 宽角 X 射线衍射仪进行测试，扫描角度为 5°~40°,扫描速度为 2°/min。

（9）比表面积测量

先将样品在高纯氮的保护下,于 150 ℃ 处理 4 h,再采用 Mircomertics Tristar 3000 比表面积测量仪进行测试,测试温度为 -190 ℃,液氮保护。

（10）电导率的测定

将聚合物粉末在 8~10 kg/cm^2 的压力下制成直径为 10 mm 的片状试样,再在 20 ℃下采用 UT70A 万用表测定其电阻(两电极法),然后用下式计算:

$$\sigma = \frac{4 \cdot l}{\pi r^2 \cdot R}$$

式中,σ 为电导率,S·cm^{-1};l 为试样压片的厚度,cm;r 为圆形试样的半径,cm;R 为所测得试样的电阻值,Ω。

（11）膜的力学性能

① 聚合物膜的制备:称取 0.5 g 左右的 EA/AN 共聚物溶解于 15~20 mL NMP 中,待其充分溶解,用 3$^\#$ 砂芯漏斗过滤,然后将该溶液浇铸在密闭容器中的水平玻璃板上(经乙醇擦洗并烘干),并用红外灯对其进行加热,使容器内的温度保持在 60~70 ℃。待溶剂挥发成膜后,将玻璃板浸于蒸馏水中脱膜,得到光滑、平整且具有金属光泽的聚合物膜,再将膜在 90~100 ℃下干燥 3 h。

② 静态力学测试:将共聚物膜按 GB 13022—91 制成哑铃形试样,用 Instron 1121 型拉伸测试仪进行拉伸试验。拉伸速率:1.0 mm/min;走纸速率:100 mm/min;样条的标距 L_0 = 30 mm;温度:25±1 ℃。

③ 动态力学测试:将共聚物膜制成长 30~50 mm、宽 2.5~3.5 mm 的试样,采用 Netzsch DMA242 动态力学测试仪以拉伸的方式进行测试。振动频率:0.5 Hz;升温速率:3 ℃/min;测试温度:30~200 ℃。

2.2.3　共聚物的合成

将 N-乙基苯胺与苯胺按照一定的配比溶解于 80 mL 反应介质中（如 1.0 mol/L HCl），用磁力搅拌器搅拌 0.5 h 使其完全溶解后，将该反应体系放入水浴中，调节水浴的温度到所设定的反应温度时，再将 20 mL 的氧化剂溶液（如过硫酸铵的盐酸溶液）滴加到单体溶液中（30 min 左右），记录反应过程中聚合体系开路电位和温度的变化。在恒定的反应温度下反应 24 h，将得到的墨绿色反应液经抽滤得到沉淀物，然后分别用 1.0 mol/L HCl 和大量的蒸馏水洗涤滤饼，至滤液无色，并用 1.0 mol/L $BaCl_2$ 溶液检查滤液中是否还含有硫酸根离子。取部分聚合产物用 0.2 mol/L $NH_3 \cdot H_2O$ 溶液进行去掺杂处理，磁力搅拌 24 h 后过滤，再用大量的蒸馏水洗涤至中性，所得的产物在红外灯下烘干。

N-乙基苯胺与苯胺聚合的反应式如下所示。

研究 N-乙基苯胺与苯胺的共聚竞聚率时，改变两单体的投料比，聚合过程与上述过程相同，反应温度控制在 2~5 ℃，以过硫酸铵为氧化剂，控制反应过程中的单体转化率小于 10%。利用不同投料比的共聚物的 ¹H-NMR，计算出聚合物中两种组分的含量，从而计算两种单体的竞聚率。

2.3　结果与讨论

2.3.1　N-乙基苯胺与苯胺的共聚

Wei 等[24]研究了苯胺聚合反应体系的温度-聚合时间及开路电位-聚合时间曲线，将聚合过程分为三个阶段：电位升高阶段、电位保持不变阶段和电位下降阶段，并认为电位下降之后所有的氧化剂都已耗竭，单体只与氧化态聚合物链反应，不再与氧化剂反应。Mattoso 等[25]把电位降低或反应液的温度达到最高值的时间当作聚合反应结束的时间。本研究体系中选用的单体之一为苯胺的 *N*-取代衍生物——*N*-乙基苯胺,*N* 位上乙基的引入,以及该取代基的电子效应和空间位阻效应,使其在聚合过程中具有与苯胺不同的特性。

图 2.1 是 EA/AN(30/70)聚合体系的电位和温度随聚合时间变化的曲线。EA/AN(30/70)表示 EA 与 AN 的摩尔比为 30/70。单体的盐酸溶液为微带黄色的透明溶液,开路电位为 440 mV。随着氧化剂(NH_4)$_2S_2O_8$的加入,体系的电位迅速增大,在短短的几分钟内从 440 mV 增大到 720 mV(点 A),并且体系的颜色开始变化,逐渐由浅黄色变为黄绿色,但这段时间内体系的温度基本没有变化。这表示体系内已经发生了反应,一般认为这一阶段为聚合引发阶段,单体被氧化为阳离子自由基,这被认为是聚合过程中反应最慢的一步;此后,体系的电位继续缓慢地增大,但基本在一个平台上,温度的变化也较小。直至点 B,体系的电位逐渐增大至 735 mV;然后,体系内出现一个较快的升温过程,而电位也继续增大,在点 C 达到最大值,体系的温度继续增大,在点 D 也达到最高值;之后,体系的电位和温度都迅速下降,在短短的几分钟之后达到一个稳定值。从体系的温度变化来分析,在点 B 与点 D 之间的变化最快,这也是聚合体系的自动加速阶段。因此,从体系的电位和温度的变化来分析,可以将整个聚合过程分为三个不同的阶段:从开始滴加氧化剂溶液到点 A 为链引发阶段,点 A 到点 C 为链增长阶段,而点 C 到点 E 为链终止阶段。

不同 EA/AN 配比的聚合体系中的电位变化如图 2.2 所示。它们的变化规律与 EA/AN(30/70)聚合体系中的相似,电位在时间 t_C 上升到最大值 V_{max},然后在时间 t_E 内快速下降至 500 mV,最后降低到一个电位平台。不同单体配比时的 t_C、V_{max}、t_E 列于表 2.2 中。

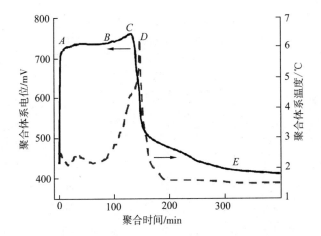

图 2.1　聚合体系的电位和温度随聚合时间变化的曲线
（EA 与 AN 的摩尔比为 30/70）

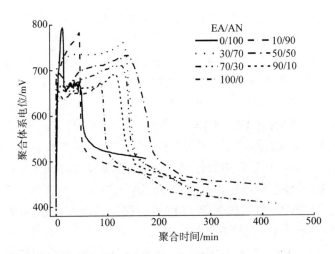

图 2.2　不同 EA/AN 配比的聚合体系中电位随聚合时间变化的曲线

表 2.2　不同配比的 N-乙基苯胺与

苯胺聚合体系的数据(聚合温度为 2~5 ℃)

EA/AN	V_{in}/mV	V_{max}/mV	t_C/min	t_E/min	聚合产率/%	$[\eta]$/(dL/g)
0/100	441	794	13	—	81.8	1.12
10/90	400	783	46	88	76.3	0.58
30/70	439	761	131	167	58.4	0.44
50/50	371	733	140	201	43.3	0.30
70/30	466	711	126	165	40.0	0.28
90/10	369	691	116	152	38.3	0.19
100/0	404	672	86	110	36.3	0.16

注：V_{in} 为初始开路电位，V_{max} 为最大开路电位，t_C 为达到最大开路电位的时间，t_E 为达到点 $E(V_E = 500\ \text{mV})$ 的时间。

从表 2.2 中的数据可以看出，V_{in} 没有表现出明显的变化规律，这可能是因为在聚合前，一些聚合体系的电位没有达到稳定值；而 V_{max} 则随着 EA 含量的增大而逐渐降低，这表明聚合体系的最高电位不受该体系聚合前的电位是否稳定的影响，这可能是由于 N-乙基苯胺的氧化电位比苯胺的氧化电位低；而 t_C 和 t_E 则都是先增大，在 EA 与 AN 的摩尔比为 50/50 时达到最大，然后随着 EA 含量的增大而下降，这表明 EA 和 AN 在聚合体系中相互之间存在一定的阻聚作用。在 AN 含量较大时，AN 聚合占主要地位，体系中形成较多的苯胺阳离子自由基，更有利于苯胺的聚合；当两者摩尔比为 50/50 时，阻聚作用最大，此时的聚合速率最慢；当 EA 含量继续增大时，由于乙基的空间位阻效应起主要作用，因而聚合过程中的链增长速率减慢，而终止速率增大，从而表现出聚合速率增大。EA/AN(0/100) 聚合体系的电位-时间曲线呈现出一种特殊情况。当电位在 13 min 出现最大值后，迅速下降，然后出现一个电位平台，大约在 40 min 后再迅速下降，直至降低为稳定值。这是因为苯胺在过硫酸铵中具有较快的聚合速率，在 13 min 时出现自动加速现象，但此时氧化剂还未滴完,从而阻止了体系电位的快速下降。在氧化剂滴完后,体系的电位才迅速下降,并趋于稳定。

2.3.2　*N*-乙基苯胺与苯胺共聚竞聚率

在研究共聚反应时,竞聚率是一个重要的参数,它不仅决定了共聚物组成,而且决定了单体单元在共聚物链中的排列次序。文献报道了苯胺与不同的单体共聚时竞聚率的研究[26,27],本书采用核磁共振氢谱(^{1}H-NMR),首次研究了 *N*-乙基苯胺与苯胺在 1.0 mol/L HCl/$(NH_4)_2S_2O_8$ 体系中共聚的竞聚率。

通过改变两种共聚单体的配比,并控制聚合产率低于 10%,得到了六种组成分别为 15/85,30/70,45/55,60/40,75/25 和 90/10 的 EA/AN 共聚物。图 2.3 是这六种不同组成的共聚物的高分辨核磁共振氢谱(^{1}H-NMR)。从该谱图中可以看出,在 $\delta=6.4\sim8.3$ 范围内,强而宽的峰是苯环上氢质子的特征峰;$\delta=2.50$ 和 3.33 处的两个最强峰则分别对应于 DMSO 和水分子中氢质子的特征峰;$\delta=5.7\sim6.4$ 范围内的一些峰可能对应于 —NH— 和—NH_2 基团中氢质子的特征峰;$\delta=3.5\sim3.9$ 和 $0.7\sim1.4$ 的两个峰分别对应于—CH_2—和—CH_3 上氢质子的特征峰,而且随着单体配比中 EA 含量的增加,这两个峰的强度逐渐增强,这表明共聚物中的 EA 链节逐渐增多。根据各特征峰的面积可以计算出共聚物中两种单体单元的实际含量。在 EA 链节中,芳环上的氢质子与乙基中甲基的氢质子的数目之比为 4∶3(乙基中亚甲基的氢质子特征峰与水的氢质子特征峰部分重叠,如果选用亚甲基,会给计算结果带来误差),化学位移在 6.4~8.3 范围的特征峰是由 EA 和 AN 单元中苯环上的芳香质子共同引起的,所以共聚物中的 EA 含量(F_{EA})可以用下式来计算:

$$F_{EA}=\frac{4\times(乙基中甲基的氢质子的面积)}{3\times(总的芳环氢质子的面积)}$$

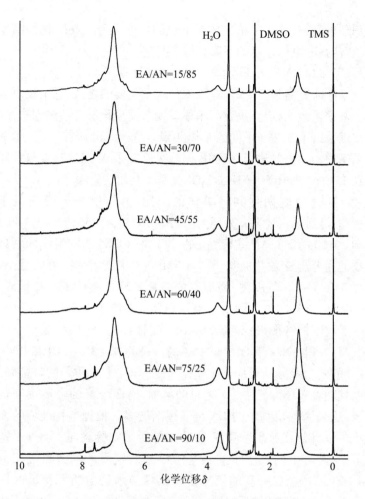

图 2.3　EA/AN 共聚物的高分辨核磁共振氢谱

　　通过计算,可以得到不同投料比的共聚物中两种结构单元的比例,共聚物组成与投料比(f_{EA})的关系如图 2.4 所示。共聚物组成曲线在对角线的下面,说明共聚物中 EA 的含量总是小于单体投料中的含量。由此可以推测,*N*-乙基苯胺的竞聚率小于苯胺的竞聚率。下面采用 Kelen-Tudos 法来计算两种共聚单体的竞聚率。

Kelen-Tudos 方程可表示为：
$$\eta = (r_1 + r_2/\alpha) \cdot \varepsilon - r_2/\alpha \qquad (2-1)$$
其中，

$$\eta = \frac{G}{\alpha + F}, \quad \varepsilon = \frac{F}{\alpha + F}, \quad \alpha = \sqrt{F_{\min} \cdot F_{\max}}$$

$$F = y/Z^2, \quad G = (y-1)/Z, \quad Z = \lg(1-\varepsilon_1)/\lg(1-\varepsilon_2)$$

$$\varepsilon_2 = W \cdot (u+x)/(u+y), \quad \varepsilon_1 = \varepsilon_2 \cdot y/x, \quad x = [M_1]/[M_2]$$

$$y = d[M_1]/d[M_2]$$

式中，*r* 为单体竞聚率；*W* 为每个实验点的转化率；*u* 为两种单体摩尔质量的比值。

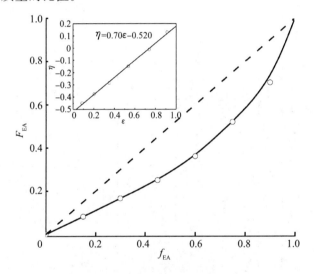

图 2.4   共聚物组成与投料比的关系图

表 2.3 为 Kelen-Tudos 方程中各参数的计算结果。根据表 2.3 中的结果，以 η 为纵坐标，以 ε 为横坐标作图，可以拟合成一条直线，如图 2.4 中的插图所示。

由图 2.4 插图中的直线斜率和截距可以计算出 Kelen-Tudos 方程中的 r_1，r_2 分别为 0.180，1.927，也就是说，在 *N*-乙基苯胺/苯胺共聚体系中，两者的竞聚率分别为 0.180 和 1.927。

表 2.3 采用 **Kelen-Tudos** 法计算的各种参数

f_{EA}	F_{EA}	$W/\%$	x	y	ε_2	ε_1	Z	F	G	η	ε
0.15	0.082	1.90	0.176 5	0.089 3	0.022 8	0.011 5	0.501 5	0.355 1	−1.816 0	−0.449 3	0.087 9
0.30	0.166	3.01	0.428 6	0.199	0.037 2	0.017 3	0.460 1	0.939 9	−1.740 9	−0.376 3	0.203 2
0.45	0.251	3.34	0.818 2	0.335 1	0.048 0	0.020	0.410 7	1.986 7	−1.618 9	−0.285 4	0.350 2
0.60	0.362	6.18	1.50	0.567 4	0.104 9	0.039 7	0.365 5	4.247 3	−1.183 6	−0.149 2	0.535 3
0.75	0.488	6.30	3.0	0.953 1	0.137 9	0.043 8	0.301 8	10.461 3	−0.155 4	−0.011 0	0.739 4
0.90	0.702	4.36	9.0	2.355 7	0.136 3	0.035 7	0.248 1	38.273 3	5.464 3	0.130 2	0.912 1

2.3.3　聚合条件对共聚反应的影响

本节采用不同的氧化剂对 *N*-乙基苯胺/苯胺的溶液聚合进行系统的研究,这些氧化剂分别为过硫酸铵、重铬酸钾和过氧化氢/氯化亚铁复合氧化剂;同时改变聚合体系中的反应介质,它们分别是盐酸、硫酸、磷酸、硝酸和冰乙酸;此外,还讨论氧化剂用量、单体摩尔比、聚合时间及聚合温度等对 *N*-乙基苯胺/苯胺共聚反应的影响。

2.3.3.1　单体摩尔比的影响

N-乙基苯胺是苯胺的衍生物,是苯胺胺基上的一个氢原子被乙基所取代。由于乙基是一个推电子基团,它的存在使苯胺上 N 原子的电子云密度增大,从而使 *N*-乙基苯胺具有比苯胺更低的氧化电位,容易被氧化;同时由于乙基的推电子效应,能够使得到的阳离子自由基有更高的稳定性;但乙基的存在也具有一定的空间位阻效应。以上这些因素的综合作用将对聚合反应过程,以及共聚物的结构和性能产生一定的影响。

图 2.5 是利用不同摩尔比的单体所得的 EA/AN 共聚物的聚合产率和特性黏数。随着聚合体系中 EA 含量的增大,所得聚合物的聚合产率和特性黏数都呈单调递减的规律。这表明两种单体发生了共聚,这种结果也与文献中的结果相似[28]。当 AN 均聚时,可得到较高的聚合产率(81.8%)和较大特性黏数的聚合物,这表明苯胺具有较强的反应活性;而 EA 的加入对共聚物的摩尔质量和产率都有较大的影响。当 EA 的摩尔分数为 10% 时,共聚物的产率没有下降太多,为 76.3%,而其特性黏数则下降很多,从 1.12 dL/g 下降为 0.58 dL/g;随着 EA 的含量继续增大,共聚物的产率和特性黏数都不断地下降,EA 均聚时的聚合产率和特性黏数最低,分别为 36.3% 和 0.16 dL/g,这也表现出 *N*-乙基苯胺对共聚反应有阻聚效应。从前面的开路电位和体系的颜色变化也可得知,随着 EA 的加入,体系的聚合速度逐渐减慢,这可以从电子效应和空间位阻效应两方面来解释。乙基为推电子基团,苯胺分子中胺基上的一个氢原子被乙基取

代后,可以使氮原子的电子云密度增大,从而使 *N*-乙基苯胺的氧化电位降低,在氧化聚合中更易被氧化成阳离子自由基;同时,这也使所生成的阳离子自由基的稳定性更好,自由基的寿命更长,从而表现出比苯胺低的聚合速率。从空间位阻效应方面分析,乙基的存在使聚合过程中的链增长速率减慢,链增长反应受阻,从而导致聚合产物的摩尔质量降低。随着 EA 的含量继续增大,摩尔质量和产率都下降,但产率下降的程度更大。这主要是由于 EA 的含量较大时,生成大量摩尔质量较低的聚合物,它们能够溶解于反应介质中,并在过滤和洗涤的过程中有较大的损失,这从聚合物的溶解性能方面也得到了证实;当 EA 的含量较大时,所得产物的溶解性能更好,在低沸点有机溶剂如氯仿和四氢呋喃中也有较好的溶解性。

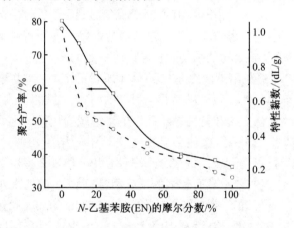

图 2.5   EA/AN 共聚物的聚合产率和特性黏数

2.3.3.2   氧化剂种类的影响

在苯胺的化学氧化聚合中,所采用的氧化剂主要有过硫酸盐[$(NH_4)_2S_2O_8$、$K_2S_2O_8$、$Na_2S_2O_8$ 等]、$K_2Cr_2O_7$、$FeCl_3$ 和 H_2O_2 等,一般认为$(NH_4)_2S_2O_8$ 是苯胺化学氧化聚合比较理想的氧化剂,可以到产率和摩尔质量都较高的聚合产物。本研究体系选用$(NH_4)_2S_2O_8$、$K_2Cr_2O_7$ 和 $H_2O_2/FeCl_2$ 复合体系为氧化剂。

表 2.4 列出了使用不同氧化剂所得到的聚合物的产率、摩尔质量、去掺杂态和掺杂态时的电导率及其在部分有机溶剂中的溶解性。当 $K_2Cr_2O_7$ 为氧化剂时,聚合产率大于 100%,达到 130.7%。这种现象在其他聚合体系也出现过[29,30],主要是由于 $K_2Cr_2O_7$ 的还原产物被包覆在聚合物颗粒的内部,而不能在洗涤过程将其除去[31]。利用 X 射线荧光分析得知,聚合产物中含有 36.4% 的 Cr。以 $K_2Cr_2O_7$ 作氧化剂而得到的聚合物只能部分溶解于有机溶剂中的溶解性能较差,只能溶解于浓硫酸和甲酸中,而在其他溶剂中是部分溶解,这也是因为存在 $K_2Cr_2O_7$ 的还原产物。同时还发现,聚合物经掺杂后具有较高的电导率,这可能是还原产物的存在使聚合物的电导率增大。因为这种聚合物只能部分溶解于 NMP 和 THF 中,所以没有得到聚合产物的特性黏数和摩尔质量。当采用 $H_2O_2/FeCl_2$(摩尔比为 500∶1)作氧化剂时,聚合产率较低,只有 16.5%,并且聚合产物的摩尔质量也较低,这是由于 H_2O_2 的氧化电位(1.88 V)较低,氧化能力较弱,在聚合体系中只能生成一些摩尔质量较低的低聚物,而且这些聚合物在过滤和洗涤过程中会有一部分损失,从而导致聚合产率较低。当采用 $(NH_4)_2S_2O_8$ 作氧化剂时,能够得到产率中等且摩尔质量较大的聚合产物,因为 $(NH_4)_2S_2O_8$ 具有足够高的还原电位(2.01 V),单体在该体系中具有较大的聚合速度,从而得到摩尔质量较大的聚合物;而且 $(NH_4)_2S_2O_8$ 的还原产物对聚合产物的性能没有影响,所以 $(NH_4)_2S_2O_8$ 是 *N*-乙基苯胺与苯胺共聚的最佳氧化剂。

表 2.4 氧化剂种类对 EA/AN(50/50) 共聚物的聚合产率、摩尔质量、电导率和溶解性能的影响

氧化剂	产率/%	摩尔质量			电导率/($S \cdot cm^{-1}$)		溶解性能及溶液颜色						
		$\overline{M}_n$	$\overline{M}_w$	$\overline{M}_w/\overline{M}_n$	去掺杂态	掺杂态	浓硫酸	甲酸	DMF	DMSO	NMP	THF	$CHCl_3$
$K_2Cr_2O_7$	130.7	—	—	—	6.02×10^{-10}	7.83×10^{-3}	S (b)	S (g)	MS (bl)	PS (bl)	PS (bl)	PS (b)	PS (b)
$(NH_4)_2S_2O_8$	43.3	2 156	3 542	1.64	4.12×10^{-10}	7.46×10^{-7}	S (b)	S (g)	S (bl)	S (bl)	S (bl)	MS (bl)	MS (bl)
$H_2O_2/FeCl_2$	16.5	742	1 241	1.67	3.55×10^{-10}	2.11×10^{-7}	S (b)	S (g)	S (b)	S (b)	S (l)	MS (b)	MS (b)

注：$\overline{M}_n$ 为数均摩尔质量，$\overline{M}_w$ 为重均摩尔质量；S 表示完全溶解，MS 表示大部分溶解，PS 表示部分溶解；b 代表紫色，bl 代表蓝色，g 代表绿色。

2.3.3.3　氧化剂与单体摩尔比的影响

2.3.3.2 节研究了氧化剂种类对共聚反应的影响,结果表明 $(NH_4)_2S_2O_8$ 是本研究体系中的最佳氧化剂,但从苯胺及其他单体的聚合反应的研究结果表明,氧化剂的用量对聚合物的结构与性能也有较大的影响。氧化剂与单体摩尔比对 EA/AN (50/50)共聚物的影响见表 2.5。随着氧化剂用量的增加,聚合物产率增加,当氧化剂与单体摩尔比为 1/4 时,聚合产率只为 9.0%,而氧化剂与单体摩尔比为 6/4 时,聚合产率增大为 57.9%。聚合物的摩尔质量与氧化剂用量没有表现出明显的变化规律,当氧化剂用量较少时,得到的聚合物的摩尔质量较小,氧化剂用量较多时,得到的聚合物的摩尔质量则较大。在氧化剂与单体摩尔比为 6/4 时,其重均摩尔质量最大,但摩尔质量分布的范围较宽。在氧化剂用量较少时,聚合体系中的氧化剂消耗得较快,EA 被氧化成阳离子自由基,这使体系中的链增长反应受阻,从而得到的聚合物的摩尔质量较小且聚合产率较低;当氧化剂用量增大时,体系中有更多的 AN 阳离子自由基,这有利于链增长反应,从而使聚合物的产率提高、摩尔质量增大。当氧化剂与单体摩尔比为 4/4 时,得到的聚合物具有较大的重均摩尔质量、中等的聚合产率和最窄的摩尔质量分布,所以在后文的研究中采用的氧化剂与单体摩尔比为 4/4。

表 2.5　氧化剂与单体摩尔比对 EA/AN(50/50)共聚物的聚合产率、摩尔质量的影响

氧化剂与单体摩尔比	聚合产率/%	摩尔质量		
		$\overline{M}_n$	$\overline{M}_w$	$\overline{M}_w/\overline{M}_n$
1/4	9.0	1 314	3 350	2.55
2/4	17.3	1 390	3 517	2.53
3/4	29.5	1 002	2 689	2.68
4/4	43.3	2 156	3 542	1.64
5/4	51.5	1 019	2 658	2.61
6/4	57.9	1 525	3 705	2.43

2.3.3.4　聚合温度的影响

表2.6列出了不同聚合温度下 EA/AN(50/50)共聚物的聚合产率、摩尔质量。在−16 ℃时聚合产率中等,但聚合物的摩尔质量最大。在较低的温度下,氧化剂的分解速率较慢,阳离子自由基的寿命较长,链终止反应速率降低,且降解反应(水解等)难以发生,这时体系的聚合速率较慢,聚合体系的开路电位随聚合时间的变化也体现了这一点,这些都有利于分子链的增长,从而可以得到聚合产率较高和摩尔质量较大的聚合物。这也从侧面说明,聚合反应主要是以链增长机理为主,而不是以偶合增长机理为主,否则在较低温度下通常会得到摩尔质量较小的聚合物[32]。温度上升到2~5 ℃时,共聚物的聚合产率稍有提高,而摩尔质量有一定的下降,这可能是因为温度的提高有利于聚合速率增大,但同时链终止反应速率增大,从而使聚合物的摩尔质量减小;当聚合温度上升到15 ℃时,EA 和 AN 的反应活性都有所提高,同时由于乙基的空间位阻效应使链增长反应受到一定的限制,从而导致聚合产率提高而摩尔质量减小。当温度继续升高时,两种单体的聚合速率加快,同时聚合副反应(如水解反应)进一步加剧,导致大量低聚物生成,因此聚合产率和摩尔质量均降低。总之,较低的温度(−16~5 ℃)下可得到产率较大且摩尔质量较高的 EA/AN 共聚物。

表2.6　聚合温度对 EA/AN(50/50)共聚物的聚合产率、摩尔质量的影响

聚合温度/℃	聚合产率/%	摩尔质量		
		$\overline{M}_n$	$\overline{M}_w$	$\overline{M}_w/\overline{M}_n$
−16	40.3	2 374	4 486	1.89
2~5	43.3	2 156	3 542	1.64
15	46.4	1 440	3 355	2.33
25	44.4	1 426	3 325	2.33
40	36.5	928	2 069	2.23

2.3.3.5　酸介质种类的影响

苯胺的化学氧化聚合通常在酸性条件下进行,酸一方面可以维持反应体系的 pH 值并与苯胺形成盐,在氧化剂的作用下有利于形成阳离子自由基;另一方面在聚合物形成后,又可以作为掺杂剂提供质子。一般选用无机酸如 HCl、H_2SO_4、H_3PO_4 和 $HClO_4$ 等。本节选用五种酸介质(HCl、HNO_3、H_2SO_4、H_3PO_4 和冰乙酸)对 *N*-乙基苯胺和苯胺的共聚体系进行研究,为了进行对比性的研究,五种酸介质的浓度都为 1.0 mol/L。表 2.7 列出了应用不同酸介质时,EA/AN(50/50)共聚物的聚合产率、摩尔质量。不同酸介质中所得聚合物的聚合产率和摩尔质量有较大的区别。在冰乙酸聚合体系中,聚合产率较高,但聚合物的摩尔质量最小;应用 H_3PO_4 作为酸介质时,聚合产率最高,并且产物的摩尔质量较冰乙酸聚合体系有较大的提高;应用强酸 H_2SO_4、HNO_3 和 HCl 时,得到的聚合物的聚合产率相差不大(42% ~ 45%),但摩尔质量依次增大,应用 HCl 时得到的聚合物的摩尔质量最大。由此分析可得,酸介质的酸性强弱对聚合物的溶解性能没有直接的影响,而是通过体系的 pH 值来影响聚合过程和聚合物的性能。冰乙酸是一种有机弱酸,其电离能力较低,因而其聚合体系的 pH 值与其他无机酸介质相比有较大的差异,这可能是造成聚合物摩尔质量小的主要原因。对其他无机酸而言,虽然它们的酸性强弱有差别,但这些聚合体系的 pH 值基本是相近的。造成聚合物具有不同性能的另一个原因可能是不同的酸电离出的阴离子不同。不同的阴离子与单体形成不同的单体盐,这些阴离子的空间位阻的大小和其电荷的大小会影响聚合过程的进行,从而影响聚合物的结构。此外,阴离子还对掺杂态聚合物的性能有影响,尺寸小的阴离子(如 Cl⁻)常产生致密而坚硬的产物,而大的阴离子(如 $H_2PO_4^-$)常产生疏松的产物[33]。因此,HCl 和 HNO_3 是 EA/AN 共聚体系中较合适的反应酸介质,但考虑到反应介质对产物性能的影响,选用 HCl 作为本聚合体系的主要反应介质。

表 2.7　酸介质种类对 EA/AN(50/50)共聚物的聚合产率、摩尔质量的影响

酸介质	聚合产率/%	摩尔质量		
		$\overline{M}_n$	$\overline{M}_w$	$\overline{M}_w/\overline{M}_n$
冰乙酸	55.2	582	1 016	1.75
H_3PO_4	55.7	1 361	2 733	2.01
H_2SO_4	42.9	1 525	3 341	2.19
HNO_3	45.3	1 761	4 535	2.57
HCl	43.3	2 156	3 542	1.64

2.3.3.6　酸介质浓度的影响

不仅酸介质的种类对聚合反应过程有影响,研究结果表明酸介质的浓度对其也有较大的影响。表 2.8 列出了不同盐酸浓度下所得的 EA/AN(50/50)共聚物的聚合产率、摩尔质量。当盐酸浓度为 0 时,也就是当两种单体在水中聚合时,虽然得到的聚合物具有较高的聚合产率,但其摩尔质量极小。这主要是由于两种单体在水中难以形成盐,不易于被氧化为阳离子自由基,因此只能得到摩尔质量较小的低聚物。随着盐酸浓度逐渐增大,所得聚合物的聚合产率逐渐降低,而摩尔质量却逐渐增大。当盐酸浓度为 1.0 mol/L 时,聚合物的摩尔质量到达一个极值;当浓度增至 2.0 mol/L 时,聚合物的摩尔质量又有较大的下降,这是由于苯胺类单体在浓度较高的酸性环境下副反应增多,部分自由基与单体进行头头或尾尾连接,而使链增长反应提前终止。同时,在浓度较高的酸性环境下还伴随着苯环上的氯取代反应,这会使自由基或单体的反应活性下降。此外,还可能出现聚合物的水解反应,这些反应的最终结果是使聚合物的摩尔质量减小,聚合产率降低[34]。由此可见,采用盐酸作为酸介质时,*N*-乙基苯胺与苯胺共聚的最佳酸性介质浓度范围为 0.5 ~ 1.0 mol/L。

表 2.8 盐酸溶液的浓度对 EA/AN(50/50)
共聚物的聚合产率、摩尔质量的影响

盐酸的浓度/ (mol·L⁻¹)	聚合产率/%	摩尔质量		
		$\overline{M}_n$	$\overline{M}_w$	$\overline{M}_w/\overline{M}_n$
0	55.3	597	929	1.56
0.1	53.0	784	1 244	1.59
0.5	51.5	1 574	3 202	2.03
1.0	43.3	2 156	3 542	1.64
2.0	38.2	1 397	3 234	2.31

2.3.4 聚合物的结构表征

2.3.4.1 红外光谱

图 2.6 是不同单体配比的 EA/AN 共聚物的红外光谱图。在 3 378~3 414 cm⁻¹出现一个宽吸收带,这是—NH—伸缩振动的特征吸收[35],该吸收带随 *N*-乙基苯胺的含量从 0 到 100% 表现出逐渐减弱的趋势。3 000 cm⁻¹ 左右的吸收峰是 C—H 伸缩振动的特征峰,其中大于 3 000 cm⁻¹ 的吸收峰是芳香 C—H 伸缩振动的吸收峰;小于 3 000 cm⁻¹(2 850~3 000 cm⁻¹)的吸收峰是—CH₃ 和—CH₂—伸缩振动的特征吸收峰。共聚物的红外光谱在 2 850~3 050 cm⁻¹存在四个吸收峰:3 035 cm⁻¹处的吸收峰对应苯环上的 C—H 的伸缩振动,2 969 cm⁻¹ 处的吸收峰对应—CH₃的非对称伸缩振动,2 921 cm⁻¹处的吸收峰对应—CH₂—的非对称伸缩振动,2 866 cm⁻¹ 处的吸收峰对应—CH₃ 和—CH₂—的对称伸缩振动,这是两个基团的吸收峰重合在一起。在聚苯胺中没有出现这一系列吸收峰,而在 *N*-乙基苯胺和苯胺的共聚物中出现了,并且随着 EA 含量的增大呈增强的趋势,这说明两者发生了共聚。在 1 597 cm⁻¹和 1 503 cm⁻¹ 附近的两个强吸收峰分别对应于共聚物主链上的醌式(C=C)和苯式(C—C)骨架振动。随着单体 EA 含量的增大,1 597 cm⁻¹处的强吸收峰逐渐向高波数的方向移动,而且其强度与 1 503 cm⁻¹

处的吸收峰相比呈减弱的趋势,这说明聚合物中的醌式含量逐渐降低,这是因为 EA 的含量增大使聚合物链中的共轭长度缩短。1 375 cm^{-1}处的较弱的吸收峰对应 *N*-乙基苯胺上 C—H 的弯曲振动;而 1 310 cm^{-1}左右的吸收峰对应苯环上的 C—N 伸缩振动;1 251 cm^{-1}左右的吸收峰对应 *N*-乙基苯胺上 C—N 的伸缩

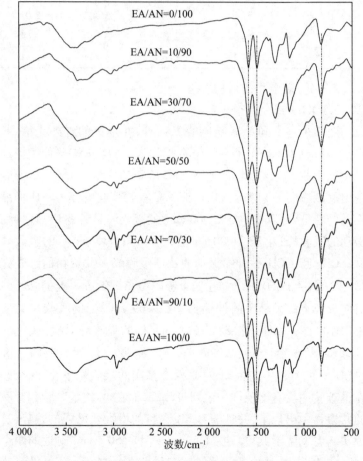

聚合条件:聚合温度 2~5℃,氧化剂:过硫酸铵,氧化剂/单体 = 1/1,聚合时间:16 h,酸介质:1.0 mol/L HCl。

图 2.6 EA/AN 共聚物的红外光谱图

振动,这个吸收峰在聚苯胺中没有出现,只是在聚(*N*-乙基苯胺)及其共聚物中出现。1 158 cm^{-1}左右的吸收峰对应苯环上 C—H 的面内弯曲振动,随着单体 EA 含量的增大,该吸收峰在 1 123 cm^{-1}处又出现了一个肩峰。823 cm^{-1}左右的吸收峰对应苯环上 C—H 的面外弯曲振动,这个吸收峰的出现说明苯环发生了 1,4-取代,两种单体在共聚的过程中基本上是通过头尾连接,苯环取代反应发生的可能性较小。

EA/AN 共聚物的红外光谱图与聚苯胺和聚(*N*-乙基苯胺)的红外光谱图都存在较明显的差别,谱图中特征吸收峰有规律的变化是由 EA 和 AN 的共聚效应造成的,这也表明了两种单体共聚物的形成。

2.3.4.2　高分辨核磁共振氢谱

采用化学氧化聚合得到的 EA/AN 共聚物在 DMSO 中都具有较好的溶解性能,故可以采用溶液法得到这些共聚物的高分辨核磁共振氢谱。图 2.7 是 6 种不同组成的 EA/AN 共聚物在 DMSO-d$_6$溶液中的高分辨核磁共振氢谱。在聚苯胺的 ^{1}H-NMR 谱图中,在 $\delta = 6.4 \sim 8.3$ 范围处出现了一个强而宽的吸收峰,这是苯环上氢质子的特征峰;而 $\delta = 2.50$ 和 $\delta = 3.33$ 处两个最强的吸收峰则分别对应于 DMSO 和水分子的氢质子的振动;此外,$\delta = 5.7 \sim 6.0$ 范围的一些吸收峰可能对应于—NH—和—NH$_2$基团中的氢质子[36,37]。与聚苯胺相比,EA/AN 共聚物的 ^{1}H-NMR 谱图中也出现了这些特征峰,它们的位置没有变化。不同的是,$\delta = 3.5 \sim 3.9$ 和 $0.7 \sim 1.4$ 出现了两个新的特征峰,分别对应于—CH$_2$—和—CH$_3$ 中氢质子的特征峰[23],而且它们的峰强度随着单体 EA 含量的增加而逐渐增强,这也表明共聚物中的 EA 链节也逐渐增多,这一结果与红外光谱的结果是一致的。通过这些谱图的信息虽然不能得到共聚物链节中的序列排列,但是可以根据各特征峰的面积来计算共聚物中两种单体单元的实际含量,计算结果列于表 2.9 中。分析计算结果可知,共聚物中的 EA 含量低于原始投料中的含量,说明在共聚体系中 *N*-乙基苯胺的反应活性低于苯胺。这与 2.3.2 节中的竞聚率分析结果是相符的。

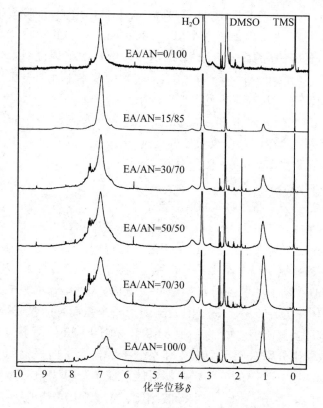

图 2.7 EA/AN 共聚物的高分辨核磁共振氢谱

表 2.9 单体摩尔比对 EA/AN 共聚物的溶解性能的影响

EA/AN		溶解性能及溶液颜色						
投料比	计算比例[a]	浓硫酸	NMP	甲酸	DMF	DMSO	THF	CHCl₃
0/100	0/100	S(b)	S(bl)	S(g)	S(bl)	S(bl)	PS(bl)	IS
10/90	—	S(b)	S(bl)	S(g)	S(bl)	S(bl)	PS(bl)	PS(bl)
15/85	8/92	S(b)	S(bl)	S(g)	S(bl)	S(bl)	PS(bl)	PS(bl)

续表

| EA/AN | | 溶解性能及溶液颜色 | | | | | | |
投料比	计算比例[a]	浓硫酸	NMP	甲酸	DMF	DMSO	THF	CHCl₃
20/80	—	S(b)	S(bl)	S(g)	S(bl)	S(bl)	PS(bl)	PS(bl)
30/70	21/79	S(b)	S(bl)	S(g)	S(bl)	S(bl)	PS(bl)	PS(y)
50/50	35/65	S(b)	S(bl)	S(g)	S(bl)	S(bl)	MS(bl)	MS(y)
70/30	56/44	S(b)	S(bl)	S(g)	S(bl)	S(b)	MS(yg)	S(y)
90/10	—	S(b)	S(y)	S(bl)	S(bl)	MS(y)	MS(y)	S(yg)
100/0	100/0	S(g)	S(b)	S(bl)	PS(b)	PS(b)	MS(b)	S(yg)

注:S 表示完全溶解,MS 表示大部分溶解,PS 表示部分溶解,IS 表示不溶解;b 代表紫色,bl 代表蓝色,g 代表绿色,y 代表黄色;a 表示通过核磁共振氢谱计算出来的 EA 与 AN 的摩尔比;"—"表示没有测试。

2.3.4.3　紫外可见光谱

图 2.8 是不同单体配比的本征态 EA/AN 共聚物的紫外可见光谱图。从谱图中可以看到,共聚物的紫外可见吸收曲线中都出现了两个吸收峰。313～324 nm 处的吸收峰是由 π-π* 跃迁引发的;550～600 nm 处的吸收峰是由双极子跃迁(n-π* 跃迁)引发的,由双极子跃迁可以反映分子链构型的变化,且由这个吸收峰的位置可以定性地分析共聚物分子链的共轭长度[38]。对于不同组成的共聚物,313～324 nm 处吸收峰的强度随着 EA 含量的增加而呈增强的趋势,这些吸收峰的位置基本是不变的;而 550～600 nm 处的吸收峰则表现出不同的变化规律,这也是我们研究的主要对象。对于聚(*N*-乙基苯胺),其在 550～600 nm 处的吸收很弱,几乎没有出现吸收峰,这是由于乙基的空间位阻效应使分子链的共平面性下降,从而使分子链的共轭长度较短,这样的分子链结构使聚合物的电导率较低。当共聚物中 EA 的含量逐渐降低时,该吸收峰的强度逐渐增强,而且其峰位置表现出红移的现象。这是由于 EA 含量的降低有利于分子链中醌式结构的形成,从而使其分子链的共轭长度增加。Albuquerque 等的

研究表明[39]，聚苯胺和聚(甲氧基苯胺)的氧化程度可以通过两个吸收峰的强度比来判断,它们的氧化程度与两个吸收峰的积分面积的比成一定的线性关系,也就是说,可以通过这两个吸收峰的峰面积的比值来分析聚合物分子链中苯式和醌式含量的大小,从而推断出聚合物的结构。由图 2.8 中的插图可以看出,313~324 nm 处吸收峰的积分面积(A_1)与 550~600 nm 处吸收峰的积分面积(A_2)的比随投料中 N-乙基苯胺的含量 f_1 的增加而增大,这表明随着 EA 含量的增大,共聚物中的醌式含量下降,分子链的共轭长度缩短,这与红外光谱和核磁共振氢谱的结论一致。

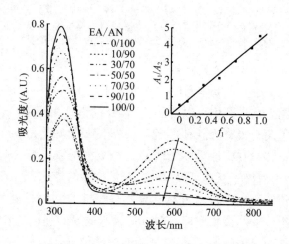

图 2.8　EA/AN 共聚物的紫外可见光谱图

2.3.4.4　宽角 X 射线衍射

图 2.9 是 6 种 EA/AN 共聚物粉末的宽角 X 射线衍射谱图。去掺杂态聚苯胺粉末在 9.4°,15.0°,20.5° 和 24.4° 处出现了四个衍射峰,这说明聚苯胺粉末样品是部分结晶态的,与文献的报道是一致的[40]。随着 EA 含量的增加,共聚物的衍射峰向低衍射角方向或大晶面间距方向移动,这表明引入 EA 链节后,乙基的空间位阻增大了分子链间的距离,使聚合物的聚集程度降低。

此外,这些共聚物的衍射峰都表现为较强的宽峰,说明这些共聚物都呈无定形状态,EA 的加入增大了聚合物分子链间和分子链内的空间,使不规则程度提高,聚合物的自由体积增大[41]。

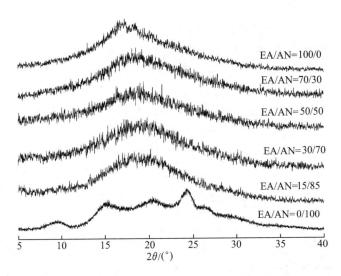

图 2.9　EA/AN 共聚物的宽角 X 射线衍射谱图

2.3.5　聚合物的性能

2.3.5.1　溶解性能

聚合物在溶剂中的溶解性能可以根据溶度参数来判断。按照相似相溶原则,如果某一聚合物与某种溶剂具有相近的溶度参数,那么这种聚合物在该溶剂中可能有较高的溶解性。极性高聚物在极性溶剂中溶解时,由于高分子与溶剂分子的强烈相互作用,溶解时放热,使体系的自由能降低,所以溶解过程能自发进行。聚苯胺属于极性聚合物,但是聚苯胺在一些极性溶剂(如 DMSO、DMF)中不溶解或不完全溶解,不符合 Gibbs 方程,可以从两方面来解释这种现象:一是聚苯胺具有较高的结晶度;二是聚苯胺在聚合过程中发生了部分交联反应或是分子链间强烈的分子间作用力。但是宽角 X 射线衍射研究结果表明,在各种不同的反应条件下得到的聚苯胺为无定形或具有较低结晶度的聚合物;聚苯胺能溶解于浓硫酸中,表明聚苯胺分子中没有交联结构。因此,聚苯胺的难溶性主要是由分子链间强烈的分子间作用力所致。

对液体小分子来说,可以利用液体的摩尔汽化热来计算其溶度参数;而高聚物不能汽化,没有汽化热,聚合物的溶度参数可以由重复单元中各基团中的摩尔引力常数 F 来进行估算:

$$\delta = \sum F / \tilde{V} = \rho \cdot \sum F / M \qquad (2-2)$$

式中,ρ 为聚合物的密度;M 为重复单元的摩尔质量;V 为重复单元的摩尔体积;F 为摩尔引力常数,部分基团的摩尔引力常数见表 2.10。

表 2.10 部分基团的摩尔引力常数 F

[（卡·厘米^3）$^{0.5}$/摩尔]

基团	F	基团	F	基团	F
—CH=（芳香族）	117.1	—NH—	180.0	对位取代	40.3
—C=（芳香族）	98.1	—CH$_3$	148.3	六元环	−23.4
—NH$_2$	226.6	—CH$_2$—	131.5		
—N—	61.1	共轭	23.3		

对于聚苯胺及聚（*N*-乙基苯胺）,可以利用式（2-2）来估算其溶度参数。聚苯胺的密度为 1.21 g/cm^3,聚（*N*-乙基苯胺）的密度为 1.15 g/cm^3,则

$$\delta_{聚苯胺} = \frac{1.21 \times (4 \times 117.1 + 2 \times 98.1 + 23.3 - 23.4 + 40.3 + 180.0)}{91}$$

$$= 11.77（卡/厘米^3）^{\frac{1}{2}}$$

$$= 24.06 \ J^{\frac{1}{2}} / cm^{\frac{3}{2}}$$

$$\delta_{\text{聚}(N\text{-}乙基苯胺)} = \frac{1.15 \times (4 \times 117.1 + 2 \times 98.1 + 23.3 - 23.4 + 40.3 + 61.1 + 148.3 + 131.5)}{121.18}$$

$$= 9.92 \left(\text{卡/厘米}^3 \right)^{\frac{1}{2}}$$

$$= 20.28 \ \text{J}^{\frac{1}{2}}/\text{cm}^{\frac{3}{2}}$$

　　由以上的计算结果可以看出,由于乙基的引入,聚(N-乙基苯胺)的溶度参数低于聚苯胺的溶度参数,这也是聚(N-乙基苯胺)能溶解于一些低沸点溶剂的原因之一。同时还可以推测出,EA/AN 共聚物的溶度参数介于 $20.28 \sim 24.06 \ \text{J}^{\frac{1}{2}}/\text{cm}^{\frac{3}{2}}$。

　　表 2.4,表 2.9,以及表 2.11 至表 2.14 列出了不同的氧化剂种类、单体摩尔比、氧化剂用量、聚合温度、酸介质种类及浓度等聚合条件下所得聚合物的溶解性能。不同单体配比的 EA/AN 共聚物的溶解性能不同(表 2.9)。聚苯胺能完全溶解于浓硫酸、甲酸、NMP、DMF 和 DMSO,小部分溶解于 THF,而完全不溶解于 CHCl₃。聚(N-乙基苯胺)与之相比有很大的不同,完全溶解于浓硫酸、甲酸和 NMP 中,部分溶解于 DMF 和 DMSO;值得注意的是:它能大部分地溶解于 THF、完全溶解于 CHCl₃ 中。从溶度参数角度分析,推算出聚苯胺的溶度参数与极性溶剂 NMP 和 DMF 的溶度参数相近,而聚(N-乙基苯胺)的溶度参数与 THF 和 CHCl₃ 的溶度参数相近,所以它在这两种溶剂中具有较好的溶解性能。聚(N-乙基苯胺)在低沸点溶剂中溶解性能的改善与乙基的存在有很大的关系,乙基的引入使分子链间距增大,分子链间的相互作用力减小,有利于有机溶剂渗透于分子链之间,同时乙基的空间位阻效应使其摩尔质量较聚苯胺有较大的下降,这几方面的共同作用使其具有较好的溶解性能。另外,聚(N-乙基苯胺)部分溶解于 DMF 和 DMSO,这是由于乙基的存在使分子链中氮原子上的氢原子数减少,聚合物与溶剂形成氢键的能力下降,从而导致其在这些极性溶剂中的溶解性能下降。随着 EA 含量的增大,共聚物在浓硫酸、NMP 和甲酸中的溶解性没有变化,而在 DMF 和 DMSO 中的溶解性由完全溶解逐渐变为

部分溶解,在 THF 中的溶解性则由小部分溶解转变为大部分溶解,而在 CHCl$_3$ 中的溶解性的变化最明显,从聚苯胺的完全不溶解,逐渐变为部分溶解,再为大部分溶解,当 EA 摩尔含量大于70%时,所得的共聚物能完全溶解于 CHCl$_3$ 中。

采用不同的氧化剂所得到的共聚物也具有不同的溶解性能(表2.4)。以 K$_2$Cr$_2$O$_7$ 为氧化剂得到的聚合物在溶剂中的溶解性能较差,它能完全溶解于浓硫酸和甲酸,大部分溶解于 DMF,而只能小部分溶解于 DMSO、NMP、THF 和 CHCl$_3$ 中,这是由于 K$_2$Cr$_2$O$_7$ 的还原产物残留在聚合物中,这一现象通过 X 射线荧光分析得到了证明。采用(NH$_4$)$_2$S$_2$O$_8$ 与 H$_2$O$_2$/FeCl$_2$ 作氧化剂时所得的聚合物的溶解性能相近,它们都能完全溶解于浓硫酸、甲酸、DMF、DMSO 和 NMP 中,大部分溶解于 THF 和 CHCl$_3$ 中。

改变氧化剂的用量和聚合温度,虽然能够得到不同聚合产率和摩尔质量的聚合物,但这些因素对聚合物的溶解性能的影响不明显(表2.11 和表2.12),可能是因为这些条件下得到的聚合物具有相似的分子链结构;这也从另一方面说明,摩尔质量对相似结构的聚合物的溶解性能的影响较小。这些聚合物都是完全溶解于浓硫酸、甲酸、NMP、DMF 和 DMSO 中,大部分溶解于 THF 和 CHCl$_3$ 中。

表 2.11　氧化剂与单体摩尔比对 EA/AN(50/50)共聚物溶解性能的影响

氧化剂与单体摩尔比	溶解性能及溶液颜色						
	浓硫酸	NMP	甲酸	DMF	DMSO	THF	CHCl$_3$
1/4	S(b)	S(bl)	S(g)	S(bl)	S(bl)	MS(bl)	MS(y)
2/4	S(b)	S(bl)	S(g)	S(bl)	S(bl)	MS(bl)	MS(y)
3/4	S(b)	S(bl)	S(g)	S(bl)	S(bl)	MS(bl)	MS(y)
4/4	S(b)	S(bl)	S(g)	S(bl)	S(bl)	MS(bl)	MS(y)
5/4	S(b)	S(bl)	S(g)	S(bl)	S(bl)	MS(bl)	MS(bl)
6/4	S(b)	S(bl)	S(g)	S(bl)	S(bl)	MS(bl)	MS(bl)

注:S 表示完全溶解,MS 表示大部分溶解;b 代表紫色,bl 代表蓝色,g 代表绿色,y 代表黄色。

表 2.12　聚合温度对 EA/AN(50/50) 共聚物溶解性能的影响

聚合温度/℃	溶解性能及溶液颜色						
	浓硫酸	NMP	甲酸	DMF	DMSO	THF	CHCl$_3$
-16	S(b)	S(bl)	S(g)	S(bl)	S(bl)	MS(bl)	MS(bl)
2~5	S(b)	S(bl)	S(g)	S(bl)	S(bl)	MS(bl)	MS(bl)
15	S(b)	S(bl)	S(g)	S(bl)	S(bl)	MS(bl)	MS(bl)
25	S(b)	S(bl)	S(g)	S(bl)	S(bl)	MS(bl)	MS(g)
40	S(b)	S(bl)	S(g)	S(bl)	S(bl)	MS(b)	MS(y)

注:S 表示完全溶解,MS 表示大部分溶解;b 代表紫色,bl 代表蓝色,g 代表绿色,y 代表黄色。

酸介质的种类和浓度对聚合物的聚合产率和摩尔质量有较大的影响,但这些聚合物具有相似的溶解性能,都是完全溶解于浓硫酸、甲酸、NMP、DMF 和 DMSO 中,而大部分溶解于 THF 和 CHCl$_3$(表 2.13 和表 2.14)。不过它们的溶液颜色还是有区别的。以冰乙酸为酸介质得到的聚合物在 THF 和 CHCl$_3$ 中的颜色不同于应用其他酸介质得到的聚合物,其他聚合物在这两种溶剂中呈蓝色,而以冰乙酸为酸介质得到的聚合物在这两种溶剂中呈黄色,这可能是因为 CH$_3$COO$^-$ 为聚合物的反离子。此外,这种聚合物的摩尔质量较小,这也有可能引起其溶液颜色的变化。在较低的盐酸浓度下得到的聚合物溶解于 THF 和 CHCl$_3$ 中的颜色不同于较高盐酸浓度下所得的聚合物,这两种聚合物在 THF 和 CHCl$_3$ 中都为黄色,这也可能是因为它们的摩尔质量较小,且分子链结构与其他聚合物不同。

表 2.13　酸介质种类对 EA/AN(50/50) 共聚物溶解性能的影响

酸介质	溶解性能及溶液颜色						
	浓硫酸	NMP	甲酸	DMF	DMSO	THF	CHCl$_3$
冰乙酸	S(b)	S(b)	S(g)	S(b)	S(b)	MS(y)	MS(y)
H$_3$PO$_4$	S(b)	S(bl)	S(g)	S(bl)	S(bl)	MS(bl)	MS(bl)
H$_2$SO$_4$	S(b)	S(bl)	S(g)	S(bl)	S(bl)	MS(bl)	MS(bl)

酸介质	溶解性能及溶液颜色						
	浓硫酸	NMP	甲酸	DMF	DMSO	THF	CHCl₃
HNO₃	S(b)	S(bl)	S(g)	S(bl)	S(bl)	MS(bl)	MS(bl)
HCl	S(b)	S(bl)	S(g)	S(bl)	S(bl)	MS(bl)	MS(bl)

注:S 表示完全溶解,MS 表示大部分溶解;b 代表紫色,bl 代表蓝色,g 代表绿色,y 代表黄色。

表 2.14　盐酸溶液的浓度对 EA/AN(50/50) 共聚物溶解性能的影响

盐酸的浓度/ (mol·L⁻¹)	溶解性能及溶液颜色						
	浓硫酸	NMP	甲酸	DMF	DMSO	THF	CHCl₃
0	S(b)	S(b)	S(g)	S(b)	S(b)	MS(y)	MS(y)
0.1	S(b)	S(bl)	S(g)	S(b)	S(b)	MS(y)	MS(y)
0.5	S(b)	S(bl)	S(g)	S(bl)	S(bl)	MS(bl)	MS(bl)
1.0	S(b)	S(bl)	S(g)	S(bl)	S(bl)	MS(bl)	MS(bl)
2.0	S(b)	S(bl)	S(g)	S(bl)	S(bl)	MS(bl)	PS(bl)

注:S 表示完全溶解,MS 表示大部分溶解,PS 表示部分溶解;b 代表紫色,bl 代表蓝色,g 代表绿色,y 代表黄色。

2.3.5.2　电性能

根据不同的结构特征和导电机理不同,导电高分子可分为电子导电高分子、离子导电高分子和氧化还原导电高分子。其中,电子导电高分子是种类最多、被研究得较早的一类导电材料,如聚乙炔、聚对苯撑、聚吡咯、聚噻吩、聚苯胺及其相应的衍生物[42,43]。这类导电高分子的共同结构特征是,分子内都有一个长程的、由碳原子等的 p$_z$ 轨道相互重叠形成的线性共轭 π 电子主链,这给自由电子提供了离域迁移的条件。电子导电聚合物只有当其分子链上的共轭结构足够长时,才能提供给自由电子运动的通道。在导电聚合物中,其电子多为定域电子或具有有限离域能力的电子,共轭体系中的 π 电子虽具有离域能力,但它并不是自由电子,不能在分子链上自由移动。要使导电聚合物实现导电的目标,首先必须让聚合物具有足够长度的共轭体系;其次要在分子链上引入能自由移动的电子。掺杂是实现聚合物导电的有效途径,而且实验结果证实了其可靠性和实用性。这是从分子水平来分析导电聚合物实现导电的条件,但导电聚合物的导电性能(电导率的大小)与其分子链结构、聚集态结构及掺杂等因素都有密切的关系。有关导电聚合物的导电机理,学者研究较多的是聚苯胺,普遍采用的模型为"颗粒金属岛"模型[44]。

　　表2.4,以及表2.15至表2.19列出了不同的氧化剂种类、单体摩尔比、氧化剂用量、聚合温度、酸介质种类及其浓度等聚合条件下所得聚合物的电导率。由电导率的数据可以看出,掺杂使聚合物的电导率有较大的提高,但对于不同组成的共聚物,其提高的程度是不相同的。表2.15中列出了不同组成的去掺杂态和掺杂态 EA/AN 共聚物的电导率。去掺杂态共聚物的电导率较低,为 $10^{-10} \sim 10^{-8}$ S·cm^{-1},它们的电导率变化与组成并没有明显的规律,而掺杂态共聚物的电导率强烈地依赖于其组成。掺杂态聚苯胺的电导率为 2.37×10^{-1} S·cm^{-1},其数值要比文献报道的稍低一些,这是因为所采用的测量方法不同,一般认为两电极法测得的结果要比四探针法低 1 个数量级。随着 EA 含量的增加,掺杂态共聚物的电导率逐渐降低,投料中 EA 的含量为 20%时,电导率为 3.36×10^{-2} S·cm^{-1},而当投料中 EA 的含量为 30%时,电导率突然下降为 2.24×10^{-6} S·cm^{-1},足足下降了 4 个数量级,这种现象在 *N*-丁基苯胺与苯胺的共聚体系中也出现过[23]。这是由于电导率与共聚组成之间存在一个逾渗值,当聚合物中 EA 的含量增加时,分子链的共轭长度会逐渐缩短,从而导致其电导率下降。当 EA 的含量为 20%时,分子链的共轭长度还没有低于其临界值,自由电子还能在分子链上自由移动,但是共轭长度的缩短及 EA 含量的增加而引起的空间位阻的增大还是对电子运动有一定影响的,因此电导率下降至 3.36×10^{-2} S·cm^{-1}。当 EA 的含量从 20%增大到 30%时,共聚物分子链的共轭长度

小于电子自由移动所需的临界值,从而使自由电子不能在分子链上自由地运动,导致电导率出现跳跃性下降的现象。当 EA 的含量继续增加时,共聚物的电导率缓慢下降,这主要是由于 EA 含量增加使分子链的共平面性进一步降低,共轭长度继续缩短。当 EA 的含量达到 100% 时,聚(*N*-乙基苯胺)的电导率为 $5.61×10^{-7}$ S·cm^{-1}。此外,电导率的降低可能与聚合物摩尔质量的降低也有一定的关系。总之,EA 的加入有利于共聚物溶解性能的改善,但在一定程度上使其电导率和摩尔质量有所降低,我们可以根据实际需要调节两种单体的配比,从而得到合适的共聚物。

表 2.15　单体摩尔比对 EA/AN 共聚物电导率的影响

EA/AN 比例		电导率/(S·cm^{-1})	
投料比	计算比例[a]	去掺杂态	掺杂态
0/100	0/100	$7.08×10^{-8}$	$2.37×10^{-1}$
10/90	—	$5.05×10^{-9}$	$9.64×10^{-2}$
15/85	8/92	$2.87×10^{-9}$	$6.81×10^{-2}$
20/80	—	$1.95×10^{-9}$	$3.36×10^{-2}$
30/70	21/79	$9.31×10^{-10}$	$2.24×10^{-6}$
50/50	35/65	$4.12×10^{-10}$	$7.46×10^{-7}$
70/30	56/44	$7.51×10^{-10}$	$7.0×10^{-7}$
90/10	—	$5.94×10^{-9}$	$6.16×10^{-7}$
100/0	100/0	$8.37×10^{-9}$	$5.61×10^{-7}$

注:a 表示通过核磁共振氢谱计算出来的 EA 与 AN 的摩尔比;"—"表示没有测试。

除此之外,其他的聚合条件也对共聚物的电导率有一定的影响。分别采用 $K_2Cr_2O_7$、$(NH_4)_2S_2O_8$ 和 $H_2O_2/FeCl_2$ 为氧化剂,得到的 EA/AN(50/50)共聚物在去掺杂态时的电导率只有约 10^{-10} S·cm^{-1}(表 2.4)。这些共聚物经盐酸掺杂后,电导率都有不同程度的提高。以 $K_2Cr_2O_7$ 为氧化剂得到的聚合物的电导率提高了 7 个数量级,达到了 7.83×10^{-3} S·cm^{-1},而使用另外两种氧化剂得到的聚合物电导率只提高了 3 个数量级,只达到了约 10^{-7} S·cm^{-1}。这是因为 $K_2Cr_2O_7$ 还原产物存在于聚合物中,所以掺杂态聚合物的电导率大幅提高,这是有利的一面,但是它的存在使聚合物的溶解性能大幅下降,所以 $K_2Cr_2O_7$ 不是本共聚体系的最佳氧化剂。经掺杂后,以 $(NH_4)_2S_2O_8$ 为氧化剂所得聚合物的电导率大于以 $H_2O_2/FeCl_2$ 为氧化剂所得聚合物的电导率,而前者的聚合产率也远高于后者,故 $(NH_4)_2S_2O_8$ 是本共聚体系中的最佳氧化剂。同时氧化剂的用量也会影响聚合物的电导率(表 2.16),当氧化剂与单体摩尔比为 1/4 时,共聚物的电导率为 2.53×10^{-6} S·cm^{-1},随着氧化剂用量的增加,其电导率先下降,在氧化剂与单体摩尔比为 3/4 时达到最小值,然后随着氧化剂用量的增加而再升高,氧化剂与单体摩尔比为 6/4 时,其电导率增大为 3.58×10^{-5} S·cm^{-1}。

表 2.16 氧化剂与单体摩尔比对 EA/AN(50/50)共聚物电导率的影响

氧化剂与	电导率/(S·cm^{-1})	
单体摩尔比	去掺杂态	掺杂态
1/4	2.30×10^{-9}	2.53×10^{-6}
2/4	1.20×10^{-9}	6.37×10^{-7}
3/4	6.30×10^{-10}	1.01×10^{-7}
4/4	4.12×10^{-10}	7.46×10^{-7}
5/4	4.34×10^{-10}	1.06×10^{-6}
6/4	1.10×10^{-9}	3.58×10^{-5}

聚合温度对聚合产率和聚合物的摩尔质量有较大的影响,同时它也影响着聚合物的电性能(表 2.17)。当聚合温度为 -16 ℃ 时,聚合产物的电导率为 2.57×10^{-3} S·cm^{-1},温度升高至 $2 \sim 5$ ℃ 时,其电导率下降为 7.46×10^{-7} S·cm^{-1},这可能是由以下两方面的因素造成的。一方面,较低的聚合温度使共聚物的组成产生了较大的变化,在 -16 ℃ 时,苯胺的反应能力大于 *N*-乙

基苯胺,使聚合物中的 AN 含量高于 2~5 ℃时生成的聚合物中的 AN 含量,这使聚合物的共轭长度增大,从而大大提高了其电导率。另一方面,−16 ℃时生成的聚合物的摩尔质量远大于 2~5 ℃时生成的聚合物的摩尔质量,这也可能引起其电导率的提高。当聚合温度继续升高,聚合物的电导率呈下降的趋势,但下降的程度不大,这是由于升高聚合温度,聚合过程中的副反应增多,使聚合物的摩尔质量下降,同时其分子链的规整性变差,从而导致电导率下降。

表 2.17　聚合温度对 EA/AN(50/50)共聚物电导率的影响

聚合温度/℃	电导率/(S・cm^{-1})	
	去掺杂态	掺杂态
−16	$3.55×10^{-9}$	$2.57×10^{-3}$
2~5	$4.12×10^{-10}$	$7.46×10^{-7}$
15	$<1.53×10^{-10}$	$4.68×10^{-8}$
25	$<1.53×10^{-10}$	$2.08×10^{-8}$
40	$<1.53×10^{-10}$	$1.89×10^{-8}$

此外,聚合体系中酸介质的种类和浓度都对聚合物的电导率有一定的影响(表 2.18 和表 2.19)。在冰乙酸中得到的聚合物的电导率最低,只有 $7.20×10^{-8}$ S・cm^{-1},在 H_3PO_4、HCl 和 H_2SO_4 中合成的聚合物的电导率分别为 $1.01×10^{-6}$,$7.46×10^{-7}$,$1.33×10^{-7}$ S・cm^{-1},而在 HNO_3 中得到的聚合物具有最高的电导率,即 $4.29×10^{-5}$ S・cm^{-1}。这可能是由于不同的酸介质对聚合物的摩尔质量和分子链的结构有影响,从而导致电导率发生变化。在不同浓度的 HCl 中得到的聚合物也有不同的电导率,随着 HCl 浓度的升高,其电导率不断增大,HCl 浓度从 0 增大至 2.0 mol/L 时,聚合物电导率从 $3.83×10^{-8}$ S・cm^{-1} 增至 $3.50×10^{-6}$ S・cm^{-1}。所以较高的酸浓度有利于得到高电导率的聚合物,但综合考虑聚合物的摩尔质量和聚合产率两个指标,一般酸介质的浓度为 0.5~1.0 mol/L 较合适。

表 2.18 酸介质种类对 EA/AN(50/50)共聚物电导率的影响

酸介质	电导率/(S·cm⁻¹)	
	去掺杂态	掺杂态
冰乙酸	2.80×10^{-9}	7.20×10^{-8}
H_3PO_4	5.06×10^{-10}	1.01×10^{-6}
H_2SO_4	$<1.53 \times 10^{-10}$	1.33×10^{-7}
HNO_3	7.49×10^{-10}	4.29×10^{-5}
HCl	4.12×10^{-10}	7.46×10^{-7}

表 2.19 盐酸溶液的浓度对 EA/AN(50/50)共聚物电导率的影响

盐酸的浓度/ (mol·L⁻¹)	电导率/(S·cm⁻¹)	
	去掺杂态	掺杂态
0	1.79×10^{-9}	3.83×10^{-8}
0.1	7.24×10^{-10}	5.38×10^{-8}
0.5	$<1.53 \times 10^{-10}$	9.71×10^{-8}
1.0	4.12×10^{-10}	7.46×10^{-7}
2.0	6.22×10^{-10}	3.50×10^{-6}

2.3.5.3 共聚物颗粒的孔径及表面张力

吸附-脱附等温曲线(BET)是分析介孔材料结构的一个重要方法。根据 BET 测试结果可以得到介孔材料的比表面积、孔容、孔径分布和孔道类型等信息,从而可以为进一步分析介孔材料结构与性能的关系提供更加翔实的依据。对大多数材料而言,吸附过程中起主要作用的是物理吸附,其等温曲线形状主要是国际纯粹和应用化学联合会(IUPAC)所定义的六种类型,通常介孔材料的吸附-脱附等温曲线多为Ⅳ型。

图 2.10 为 EA/AN(5/95)共聚物颗粒的氮气吸附-脱附等温曲线及 BJH 模型孔径分布(插图),是典型的Ⅳa 型吸附-脱附等温曲线,吸附曲线和脱附曲线之间有一个不太明显的回滞环。按 BJH 模型计算,其孔径分布较宽,平均孔径为 19.13 nm,BET 比表面积为 37.25 m²/g,孔容为 0.16 cm³/g。从共聚物颗粒的

氮气吸附-脱附等温曲线可以看出,所得的共聚物颗粒是由许多更小的颗粒组成的,而且这些小的颗粒之间形成了一些比较均一的微孔。这也可以说明,共聚物在聚合的过程中存在不同程度的聚集作用,这也是形成这种带有许多微孔结构的导电聚合物颗粒的主要原因。但由于这是氮气吸附性能方面的一个探索性研究,研究的聚合物样品少,不能得出有规律的结论。笔者将在以后的研究中对吸附性能做深入的研究,希望能得到具有比表面积较大且孔径分布较均一的导电介孔材料,从而扩大导电高分子的应用领域。

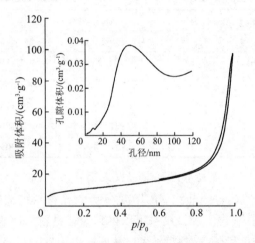

图 2.10　EA/AN(5/95)共聚物颗粒的氮气吸附-脱附等温曲线（插图为 BJH 模型孔径分布）

2.3.5.4　共聚物的成膜性能及膜的力学性能

2.3.5.1 节关于聚合物的溶解性能研究表明,EA/AN 共聚物具有较好的溶解性,特别是在 THF 和 CHCl$_3$ 中具有较好的溶解性,但考虑到实验过程中的实际操作,采用 NMP 和 DMSO 来研究共聚物的成膜性。不同组成的 EA/AN 共聚物在 NMP 中具有很好的溶解性,得到的聚合物膜光滑平整,并具有金属光泽,颜色为深蓝色或黑色。此外,笔者还研究了这些聚合物膜在蒸馏水中的脱膜性能,当 EA 的含量较低时,聚合物膜能很快地从玻璃板上脱下,而且能得到光滑、柔韧的致密膜。本节选用 EA 与 AN 摩尔比分别为 5/95,10/90 和 20/80 的共聚物,制备出了 16 cm×16 cm 的大面积的平整光滑的柔性膜。当 EA 的含量超过 20%时,该聚合物膜的脱膜性变差,虽然可以从玻璃板上脱下,但膜的脆性增大,轻轻一碰就会碎裂;当 EA 的含量更大时,得到的膜的脆性更大,放入水中一段时间后,原来光滑平整的膜碎裂成小的碎片。这可能是由于 EA 的含量增大后,聚合物的摩尔质量减小,同时乙基的存在增大了分子链间距,使分子链间的相互作用力降低,从而使聚合物膜的脆性增大。当采用 DMSO 做成膜溶剂时,不同组成的 EA/AN 共聚物也具有较好的成膜性能,得到了呈黑色、光滑平整的膜,但所有的聚合物膜的脆性都较大,溶剂挥发放置两三天后都会裂成碎片,这可能是由于 DMSO 的极性较大,而且其溶度参数与共聚物的溶度参数相差较大,使聚合物在 DMSO 中呈卷曲状,共聚物膜的内应力增大,经过一段时间后就会自动开裂。比较而言,NMP 是较好的成膜溶剂,所以在研究膜的力学性能和气体分离性能时,都以 NMP 为成膜溶剂。

图 2.11 是两种 EA/AN 共聚物膜和聚苯胺膜的应力-应变曲线,从这几种聚合物膜的应力-应变曲线来看,它们都表现为脆性断裂,但同时具有了不同的力学性能。聚苯胺膜的拉伸强度、初始模量和断裂伸长率分别为 76.3 MPa,3.77 GPa 和 2.63%,EA/AN(5/95)共聚物膜的拉伸强度、初始模量和断裂伸长率分别为 87.0 MPa,3.33 GPa 和 3.33%,其拉伸强度和断裂伸长率都要大于聚苯胺膜,这主要是由于少量 N-乙基苯胺的加入使聚合物膜的柔性增大;而 EA/AN(10/90)共聚物膜的拉伸强度、初始模量和断裂伸长率分别为 70.7 MPa,3.09 GPa 和 2.67%,其拉伸强度和初始模量都小于聚苯胺膜,这是由于较多 EA 的加入使聚合物膜的柔性更大,但同时也使其摩尔质量有较大的下降,从而使其力学性能下降。这几种聚合物膜都具有较

好的力学性能。此外,我们还研究了这三种膜的动态力学性能。

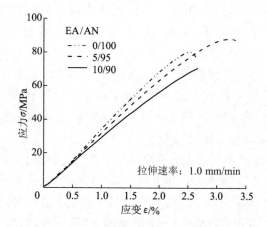

图 2.11　两种 EA/AN 共聚物膜和聚苯胺膜的应力-应变曲线

动态力学研究(DMA)的优点是用一块小试样就可以在较宽的频率范围内连续地进行测定,可在较短的时间内获得丰富的黏弹性信息,如贮能模量 E'、损耗模量 E''、柔量 J、力学损耗 $\tan\delta$、应力 σ 及应变 ε 等。高聚物的动态力学性能参数与材料中的高分子的聚集态(晶态、非晶态、液晶态等)和材料的力学状态(玻璃态、高弹态、黏流态等)有关。高聚物的力学性能本质上是分子运动状态的反映,因此,测定高聚物的动态力学性能与测试频率、温度等因素的关系,就能获得有关高聚物的结构、分子运动及其转变等重要信息。

图 2.12 为两种 EA/AN 共聚物膜和聚苯胺膜的动态力学性能。比较这三种聚合物膜的贮能模量,EA/AN(5/95)共聚物膜最大,其次是 EA/AN(10/90)共聚物膜,而聚苯胺膜的贮能模量最小。从这三种膜的力学损耗曲线可以看出,它们都具有较宽的玻璃化转变温度,聚苯胺膜的玻璃化转变温度为 129.6 ℃,而 EA/AN(5/95)共聚物膜的玻璃化转变温度下降为 126.5 ℃,EA/AN(10/90)共聚物膜的玻璃化转变温度最小,只有 113.0 ℃。EA/AN 聚合物膜的玻璃化转变温度随着 EA 含量的增大而下

降,这是由于 EA 的加入使聚合物分子链的相互作用力降低,分子链的柔性增大,有利于分子链的运动。

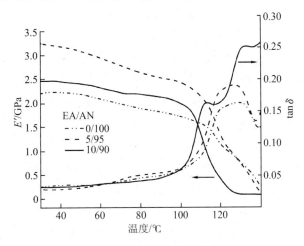

图 2.12　两种 EA/AN 共聚物膜和聚苯胺膜的动态力学性能

2.3.6　N-乙基苯胺的聚合动力学

1992 年,Tzou 和 Gregory[45]研究了苯胺的化学氧化聚合动力学,认为苯胺的聚合动力学包括表面效应和自动加速作用。Wei 等[46]用表面效应解释了苯胺的电化学形成过程,并将其动力学方程表示为 $R_p = k[M] + k'[M][P]$,k 为苯胺在裸露的铂电极上聚合时的速率常数;k' 为苯胺在聚苯胺覆盖的铂电极上聚合时的速率常数,$[M]$ 为单体浓度,$[P]$ 为生成的聚合物的浓度。随后,Shim 等[47]认为苯胺的聚合过程还应包含自动加速效应,并将其动力学方程表示为 $R_p = k[M] + k'[M][TAS]$,TAS 为电极的总表面积。

在苯胺的化学氧化聚合过程中,单体浓度、氧化剂的用量和聚合温度对聚合动力学方程都有较大的影响[14,48]。在此,我们认为苯胺衍生物的聚合过程与苯胺是相似的,*N*-乙基苯胺在聚合过程中受单体浓度、氧化剂的用量和聚合温度的影响。在实验中,恒定体系的聚合温度,分别以 $(NH_4)_2S_2O_8$(APS)和 H_2O_2

为氧化剂,改变单体浓度和氧化剂的用量,采用原位紫外跟踪的方法研究聚合体系中不同时间的吸收强度的变化,从而推导出聚合速率与单体浓度和氧化剂浓度的关系式。

2.3.6.1 $(NH_4)_2S_2O_8$ 为氧化剂时的聚合动力学

图2.13是以$(NH_4)_2S_2O_8$为氧化剂时不同单体浓度下的EA原位聚合紫外光谱图。$(NH_4)_2S_2O_8$的浓度恒定为0.03 mol/L,而EA的浓度从0.02 mol/L逐渐增大至0.04 mol/L,扫描间隔为2 min,聚合温度为25 ℃。图2.13a为[APS]=0.03 mol/L,[EA]=0.02 mol/L时的EA原位聚合紫外光谱图。图2.13a出现两组吸收峰,第一组峰在450 nm左右,其吸光度随着聚合时间的延长而逐渐增大;另一组峰出现在726 nm左右,其吸光度也是随聚合时间的延长而增大。这两个吸收峰在N-乙基苯胺单体的紫外光谱中没有出现。一般认为,在450 nm处的吸收峰是由氧化剂的加入使EA氧化成阳离子自由基,形成具有较高稳定性的中间产物所致。这与Malinauskas等[49]的研究结果是一致的,而N-甲基苯胺的这个吸收峰出现在443 nm[50],N-丙磺酸基苯胺的吸收峰则在453 nm[51]。而726 nm处的吸收峰则是生成的聚合物分子链上的双极子转移引起的[48],因此也可以用这个吸收峰的强度来表示聚合体系中生成的聚合物浓度。此外,在聚合过程的前期,320 nm左右也会出现一个吸收峰,这个吸收峰在N-乙基苯胺单体的紫外吸收光谱中也出现了,这是EA中苯环的π-π*转变。值得注意的是,原位聚合过程中聚合物的紫外光谱不同于化学氧化聚合得到的聚合物的紫外光谱,320 nm处的吸收峰是相同的,最大的不同是450 nm处吸收峰的出现,这也是原位聚合中特有的吸收峰;同时726 nm处的吸收峰与化学氧化产物的吸收峰相比有一定的红移,这可能是由于原位聚合的介质是酸性环境,并且此时聚合体系中并没有沉淀物生成,聚合物的聚集状态不同。随着EA浓度的增大,两组吸收峰的位置基本不变,但是它们的吸光度随着单体浓度的增大而逐渐增大。

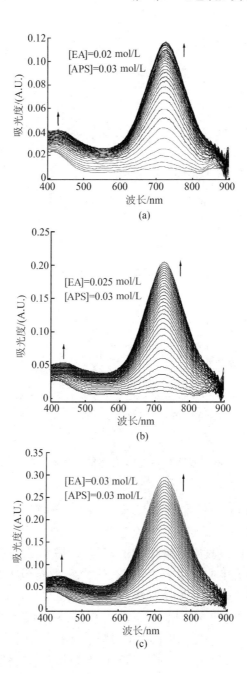

(a)

(b)

(c)

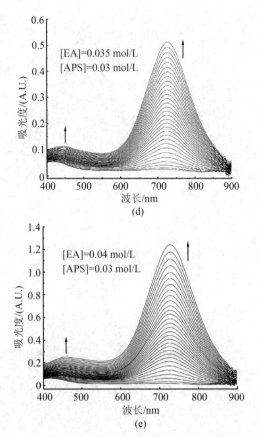

图 **2.13** 以(NH₄)₂S₂O₈ 为氧化剂时不同单体浓度下的 **EA**
原位聚合紫外光谱图

图 2.14 是不同的 EA 浓度下，EA 原位聚合紫外光谱中
450 nm、726 nm 处吸光度随聚合时间变化的情况。对于 450 nm
处的吸收峰，其吸光度随聚合时间呈线性增大，并且在不同单体
浓度下，吸光度曲线基本上呈平行的关系，这也说明聚合过程中
的 EA 阳离子的形成和消耗的速率基本是相同的。当单体与氧
化剂混合时，450 nm 处的吸光度不为零，说明两者混合时先是
快速反应，生成一定浓度的 EA 阳离子自由基，而在随后的聚合
过程则是匀速反应。对于 726 nm 处的吸收峰，其吸光度也是

随聚合时间呈线性增大,并且不同单体浓度下的曲线基本上都通过原点,这也说明 EA 阳离子自由基具有较高的稳定性,使聚合过程中以较平稳的速率进行。根据聚合过程中的 726 nm 处吸收峰的吸光度随聚合时间的变化情况,可以推测以过硫酸铵为氧化剂时 EA 的聚合动力学方程。

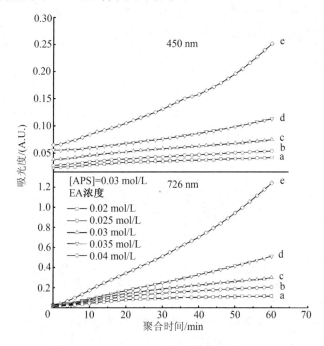

图 2.14　不同单体浓度下 450 nm、
726 nm 处吸光度随聚合时间变化的情况

在聚合动力学方程的推导过程中,聚合速度可以用聚合物的生成速率来表示。本研究采用聚合物的浓度变化来表示聚合过程的聚合速率。在紫外光谱中,726 nm 处的吸光度可以表示聚合体系中聚合物的浓度,而聚合物浓度的变化可以用 726 nm 处的吸光度与聚合时间曲线上各点的斜率来表示,即 $R_p = \dfrac{\mathrm{d}[\mathrm{P}]}{\mathrm{d}t}$

$\propto \dfrac{\mathrm{d}A}{\mathrm{d}t}$。在图 2.14 中，该峰的吸光度与聚合时间呈线性关系，所以可以用这些直线的斜率来表示聚合体系中的聚合速率。$\ln[\mathrm{EA}]$ 与 726 nm 处吸收峰的 $\ln(\mathrm{d}A/\mathrm{d}t)$ 的关系如图 2.15 所示。图 2.15 中的直线斜率为 2.99，可以说 $\mathrm{d}A/\mathrm{d}t$ 与 $[\mathrm{EA}]^3$ 成正比，因此可以推导出体系的聚合速率与 EA 浓度是呈三次方的关系，则聚合速率与单体浓度的关系式可表示为

$$R_p \propto k_1 \cdot [\mathrm{EA}]^3 \tag{2-3}$$

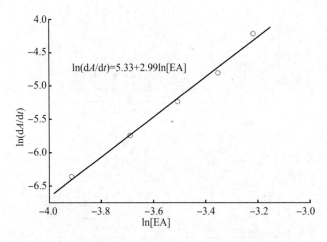

图 2.15　$\ln(\mathrm{d}A/\mathrm{d}t)$ 与 $\ln[\mathrm{EA}]$ 的关系图

图 2.16 是不同氧化剂浓度下的 EA 原位聚合紫外光谱图，单体浓度为 0.03 mol/L，盐酸浓度为 1 mol/L。与改变单体浓度时的情况相似，在 450 和 726 nm 左右出现两处吸收峰，分别对应于 EA 阳离子自由基和聚(*N*-乙基苯胺)分子链上的双极子转移。随着聚合时间的延长，这两处吸收峰的吸光度也逐渐增大。图 2.17 为不同氧化剂浓度下两个吸收峰的吸光度随聚合时间变化的情况。两处吸收峰的吸光度与聚合时间都呈线性关系，对于 726 nm 处的吸收峰，吸光度与时间的关系曲线基本上都通过原点，这一现象也与 EA 浓度改变时相类似。同样，我们也可

以通过 726 nm 处吸收峰的吸光度曲线推导出聚合速率与 APS 浓度的关系式。结果表明，dA/dt 与 APS 的浓度呈线性关系，因此可得：

$$R_p \propto k_1' \cdot [\text{APS}] \qquad (2\text{-}4)$$

由式(2-3)和式(2-4)可以得知，以 APS 为氧化剂的 EA 均聚体系中，聚合反应前期的聚合速率与单体浓度呈三次方的关系，与氧化剂浓度呈一次方的关系，即聚合速率可以定性地表示为

$$R_p \propto K_1 \cdot [\text{EA}]^3 \cdot [\text{APS}] \qquad (2\text{-}5)$$

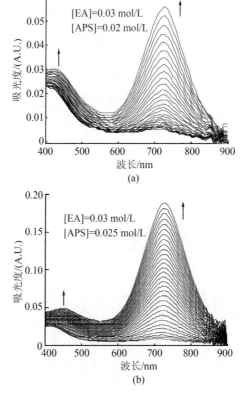

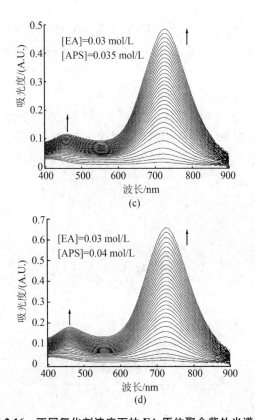

图 2.16　不同氧化剂浓度下的 EA 原位聚合紫外光谱图

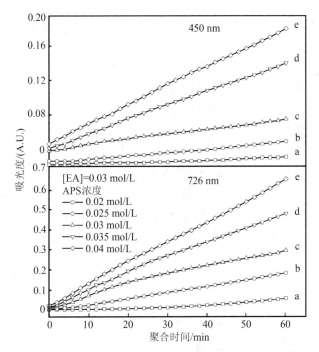

图 2.17　不同氧化剂浓度下 450 nm、
726 nm 处吸光度随聚合时间变化的情况

2.3.6.2　H₂O₂ 为氧化剂时的聚合动力学

在化学氧化聚合中,氧化剂的种类对聚合物的聚合产率及聚合物的性能有较大的影响,由此可以预测,氧化剂的种类对聚合过程也会产生一定的影响。2.3.6.1 节研究了以 $(NH_4)_2S_2O_8$ 为氧化剂时 N-乙基苯胺的原位聚合,其聚合速率与 N-乙基苯胺的浓度呈三次方的关系,与 APS 的浓度呈一次方的关系。本节以 H_2O_2 为氧化剂,通过改变单体浓度和氧化剂浓度来研究 EA 的聚合反应,并采用原位紫外光谱对聚合过程进行跟踪,由此研究其聚合速率与 EA 浓度和 H_2O_2 浓度的关系。

当采用 $(NH_4)_2S_2O_8$ 作氧化剂时,$(NH_4)_2S_2O_8$ 的浓度恒定在 0.03 mol/L,EA 的浓度从 0.02 mol/L 增加至 0.04 mol/L;而采

用 H_2O_2 作氧化剂时,以相同的单体浓度和氧化剂浓度进行聚合时,所得到的曲线吸收强度很小,这说明 H_2O_2 作氧化剂时,相同的聚合条件下表现出较低的聚合速率。为了便于实验操作及减少实验误差,笔者在实验过程中提高了氧化剂和单体的浓度,下面将详细讨论具体的实验结果。

图 2.18 为不同单体浓度下的 EA 原位聚合紫外光谱图,其中, H_2O_2 的浓度为 0.05 mol/L, EA 的浓度分别为 0.04, 0.045, 0.05, 0.055 和 0.06 mol/L,盐酸浓度为 1 mol/L,扫描间隔为 2 min,聚合温度为 25 ℃。与 $(NH_4)_2S_2O_8$ 为氧化剂时的原位聚合相比, H_2O_2 为氧化剂时的原位紫外光谱与之基本相似,分别在 464 nm 和 720 nm 处出现两个较强的吸收峰,这两个吸收峰的位置稍有变化,但变化的范围不大,这可能与加入的氧化剂中含有少量的 $FeCl_2$ 有关,同时也说明应用两种氧化剂所得到的聚合物的结构是相似的,只是所处的聚合体系不同。在聚合初期,464 nm 处的吸收不明显,只是出现一个较弱的肩峰,随着聚合时间的延长,这个吸收峰的强度逐渐加强。当单体的浓度逐渐增大时,这两处吸收峰的强度都不断增强。在低浓度下,464 nm 处的吸光度大于 720 nm 的,而当 EA 浓度大于 0.05 mol/L 时,720 nm 处的吸光度大于 464 nm 处的吸光度。这表明,以 H_2O_2 为氧化剂时,大量的 EA 被氧化成阳离子自由基,这些阳离子自由基在聚合体系中的稳定性比较高,阳离子自由基继续反应生成多聚体的反应速率较低,但当 EA 浓度较高时,存在较多的 EA 可能有利于阳离子自由基与 EA 形成高聚物。

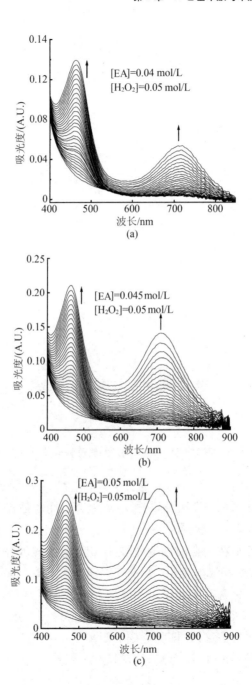

(a)

(b)

(c)

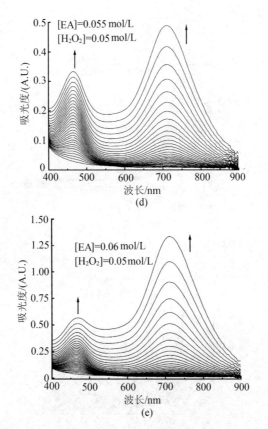

图 2.18　不同单体浓度下的 EA 原位聚合紫外光谱图

　　图 2.19 是不同的 EA 浓度下 464 nm、720 nm 处吸光度随聚合时间变化的情况。由此可知,随着聚合时间的延长,两个吸收峰的强度都逐渐增大,464 nm 处的吸光度呈线性增大;而 720 nm 处的吸光度则在聚合前期变化较小,几乎不随 EA 浓度的变化而变化;但在 20 min 之后,吸收度则随着聚合时间的延长而增大。在同一聚合时间处,EA 浓度越大,这两个吸收峰的强度也越大,这表明在聚合体系中,EA 并没有在聚合初期就全部被氧化成阳离子自由基,并且所形成的阳离子自由基在聚合体系中具有较高的稳定性,从而使聚合过程缓慢进行。在聚合前期并

没有出现自动加速现象,这可能与聚合体系的单体浓度较低有关。在这种浓度较低且没有搅拌的聚合体系中,阳离子自由基及生成的聚合物的扩散速度、聚集程度都会对聚合过程产生一定的影响。同样从 720 nm 处吸光度随聚合时间变化的曲线可以推导出该聚合体系中的聚合速率与单体浓度的关系。从图 2.19 中可以发现,在聚合后期两处吸收峰的吸光度的变化都较快,这可能是体系中发生的自动加速现象,因此选用聚合前期的吸光度曲线来研究其动力学方程。在前 30 min 内,720 nm 处的吸光度随聚合时间基本是呈线性变化的。结果表明,在以 H_2O_2 为氧化剂的 EA 均聚体系中,dA/dt 与 EA 的浓度呈线性关系,也就是说,聚合速率与 *N*-乙基苯胺的浓度呈一次方的关系,即

$$R_p \propto k_2 \cdot [EA] \tag{2-6}$$

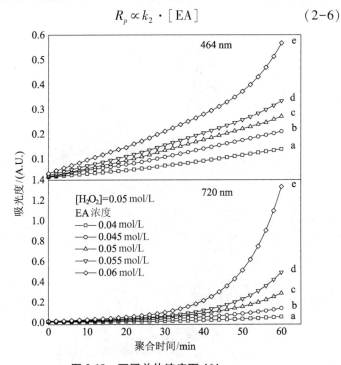

图 2.19　不同单体浓度下 464 nm、

720 nm 处吸光度随聚合时间变化的情况

　　以上研究是以 $H_2O_2/FeCl_2$ 为氧化剂时，EA 的浓度对其原位聚合紫外光谱的影响，同样，氧化剂浓度可能也会对 EA 聚合过程产生一定的影响。图 2.20 是不同 H_2O_2 浓度下的 EA 原位聚合紫外光谱图，其中出现了两处吸收峰，分别位于 464 nm 和 720 nm 左右，这与不同 EA 浓度时的现象是相同的，不同之处就是这两处的吸光度变化不一样。随着聚合时间的延长，这两处吸收峰的吸光度不断地增大。在低浓度下，464 nm 处吸收峰的吸光度大于 720 nm 的，但在较高的浓度下其变化情况不一样。在聚合初期，464 nm 处吸收峰的吸光度大于 720 nm 处吸收峰的，当聚合进行到一定的程度后，720 nm 处吸收峰的吸光度要大于 464 nm 处吸收峰的。这是由于较高浓度的氧化剂使 EA 的聚合速率增大，从而可能出现自动加速效应。

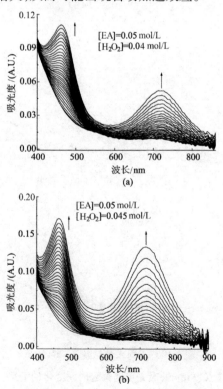

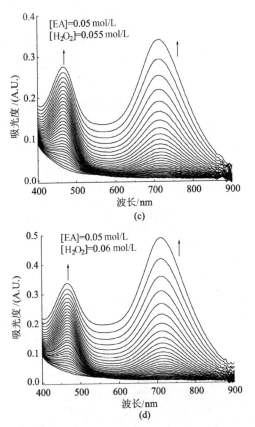

图 2.20   不同氧化剂浓度下的 EA 原位聚合紫外光谱图

图 2.21 是不同氧化剂浓度下 464 nm、720 nm 处吸光度随聚合时间变化的情况。对 464 nm 处的吸收峰而言,不同氧化剂浓度下的吸光度都随聚合时间的延长而呈线性增大,表明在这种聚合条件下,EA 阳离子自由基是不断生成的,EA 与氧化剂混合时并没有全部生成阳离子自由基。而 720 nm 处吸光度的变化情况与 464 nm 处的吸收峰不同,在聚合初期,其吸光度随氧化剂浓度的增大变化不大,经过 10 min 后,吸光度开始变化。在较低的氧化剂浓度下,吸光度的变化还是不大,基本上随聚合时间线性增大;但氧化剂的浓度较大时,吸光度在聚合后期变化

较大,聚合时间越长,其变化越明显。这也可以说明聚合反应与阳离子自由基在体系中的浓度有一定的关系,当阳离子自由基浓度较低时,其与单体生成多聚体或高聚物的反应速率较慢;当其浓度达到一定的数值后,链增长反应加快,并且可能会出现自动加速现象。因此,我们同样选取聚合前期的吸光度曲线来研究其动力学方程。在前 30 min 内,720 nm 处吸光度随聚合时间基本是呈线性变化的。结果表明,在以 H_2O_2 为氧化剂的 EA 均聚体系中,dA/dt 与 H_2O_2 的浓度也是呈线性关系,因此,聚合速率与 H_2O_2 的浓度呈一次方的关系,即

$$R_p \propto k'_2 \cdot [H_2O_2] \tag{2-7}$$

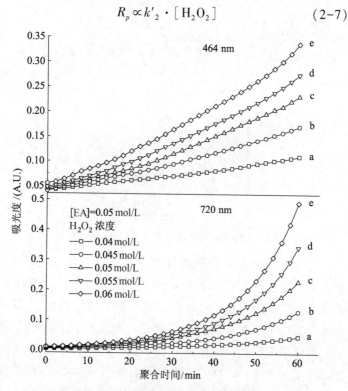

图 2.21　不同氧化剂浓度下 464 nm、
720 nm 处吸光度随聚合时间变化的情况

由式(2-6)和式(2-7)可以得知,在以 H_2O_2 为氧化剂的 EA 均聚体系中,聚合反应前期的聚合速率与单体浓度和氧化剂浓度呈一次方的关系,即聚合速率可以定性地表示为

$$R_p \propto K_2 \cdot [EA] \cdot [H_2O_2] \qquad (2-8)$$

2.4　本章小结

本章采用溶液聚合法合成了一系列 *N*-乙基苯胺与苯胺的共聚物,系统地讨论了单体摩尔配比、氧化剂用量及种类、反应介质、反应时间和聚合温度对聚合产率、摩尔质量(或特性黏数)、溶解性能和电导率的影响;并对共聚物的结构、成膜性能及聚合物膜的力学性能进行了表征;采用 ^{1}H-NMR 计算了两种单体的竞聚率。主要结论如下:

(1)从聚合体系的电位和温度跟踪发现,EA 与 AN 的共聚过程是放热反应,聚合过程和聚合速率受聚合体系中单体摩尔配比的影响,EA/AN(50/50)聚合体系的聚合速率最慢,表现出两者的阻聚作用。

(2)共聚体系中 EA 的反应活性低于 AN,两者的竞聚率分别为 0.180 和 1.927。

(3)随着聚合体系中 EA 含量的增大,聚合产率和共聚物的特性黏数都下降;过硫酸铵是本聚合体系中的最佳氧化剂,可以得到摩尔质量和产率都较高的聚合产物,且氧化剂与单体的最佳摩尔比为4/4;低温(−16~25 ℃)有利于得到较高摩尔质量的产物;盐酸是 EA/AN 共聚体系中较合适的反应酸介质,且其最佳浓度范围为 0.5~1.0 mol/L。

(4)共聚物的溶解性能与 EA 的含量有较大的关系,随着 EA 含量的增大,共聚物在低沸点溶剂中的溶解性能有很大的改善,能溶于 THF 和 $CHCl_3$ 中。去掺杂态共聚物的电导率为 10^{-10} ~ 10^{-8} S · cm^{-1},而掺杂态共聚物的电导率为 5.61×10^{-7} ~ $2.37 \times$

10^{-1} S · cm^{-1},随着 EA 含量的减小而增大,且在 EA 含量为 20% 至 30% 之间存在逾渗转变。

(5) EA/AN 共聚物在 NMP 中具有很好的成膜性,制备出了 16 cm×16 cm 光滑平整的致密膜。这些膜具有较好的力学性能,EA/AN(5/95)共聚物膜的拉伸强度、初始模量和断裂伸长率分别为 87.0 MPa,3.33 GPa 和 3.33%;动态力学研究表明,EA/AN(5/95)和 EA/AN(10/90)共聚物膜的玻璃化转变温度分别为 126.5 ℃ 和 113.0 ℃。

(6) 动力学研究表明,以 $(NH_4)_2S_2O_8$ 为氧化剂时,N-乙基苯胺的聚合速率与其浓度呈三次方的关系,与 $(NH_4)_2S_2O_8$ 的浓度呈一次方的关系,即 $R_p \propto K_1 \cdot [EA]^3 \cdot [APS]$。以 H_2O_2 为氧化剂时,聚合速率与 EA 浓度和 H_2O_2 的浓度都呈一次方的关系,即 $R_p \propto K_2 \cdot [EA] \cdot [H_2O_2]$。

参考文献

[1] Huang W S, Humphrey B D, MacDiarmid A G. Polyaniline, a novel conducting polymer [J]. Journal of Chemical Society, Faraday Transactions, 1986, 82: 2385-2400.

[2] Kang E T, Neoh K G, Tan K L. Polyaniline: a polymer with many interesting intrinsic redox states [J]. Progress in Polymer Science, 1998, 23(2): 277-324.

[3] McDiarmid A G, Epstein J. Conducting polymers: post, present and future [J]. Materials Research Society Symposium Proceeding, 1993, 328: 133.

[4] Ram M K, Maccioni E, Nicolini C. The electrochromic response of polyaniline and its copolymeric systems [J]. Thin Solid Films, 1997, 303(1-2): 27-33.

[5] Haba Y, Segal E, Narkis M, et al. Polymerization of aniline in the presence of DBSA in an aqueous dispersion [J].

Synthetic Metals, 1999, 106(1): 59-66.

[6] Mattaso L H C, Faria R M, Bulhoes L O S, et al. Synthesis, doping, and processing of high molecular weight poly (*o*-methylanline) [J]. Journal of Polymer Science, Part A: Polymer Chemistry, 1994, 32(11): 2147-2153.

[7] Kumar D. Poly (*o*-toluidine) polymer as elctrochromic material [J]. European Polymer Journal, 2001, 37 (8): 1721-1725.

[8] Raghunathan A, Kahol P K, McCormick B J. Electron localization studies of alkoxy polyanilines [J]. Synthetic Metals, 1999, 100(2): 205-216.

[9] Choi H J, Kim J W, To K. Electrorheological characteristics of semiconducting poly (anilne-co-*o*-ethoxyaniline) suspension [J]. Polymer, 1999, 40(8): 2163-2166.

[10] Oka O, KiyoHara O, Yoshino K. Preparation of highly soluble *N*-substituted polyanilines and their novel solvatochromism [J]. Japanese Journal of Applied Physics, 1991, 30(4A): L653-L656.

[11] Cataldo F, Maltese P. Synthesis of alkyl and *N*-alkyl-substituted polyanilines: a study on their spectral properties and thermal stability [J]. European Polymer Journal, 2002, 38(9): 1791-1803.

[12] Falcou A, Longeau A, Maracq D, et al. Preparation of soluble N and *o*-alkylated polyanilines using a chemical biphasic process [J]. Synthetic Metals, 1999, 101(1-3): 647-648.

[13] Kang E T, Neoh K G, Tan K L, et al. Charge transfer interactions and redox states in poly (*N*-methylaniline) and its complexes [J]. Synthetic Metals, 1992, 48 (2): 231-240.

[14] Ye S Y, Do N T, Dao L H, et al. Electrochemical preparation

and characterization of conducting copolymers:poly(aniline-co-N-butylaniline) [J]. Synthetic Metals, 1997, 88 (1):65-72.

[15] Huang G W, Wu K Y, Hua M Y, et al. Structures and properties of the soluble polyanilines, N-alkylated emeraldine bases[J]. Synthetic Metals, 1998, 92(1): 39-46.

[16] Zheng W Y, Levon K, Laakso J, et al. Characterization and solid-state properties of processable N-alkyated polyaniline in the neutral state[J]. Macromolecules, 1994, 27 (26):7754-7768.

[17] Mikhael M G, Padias A B, Hall H K. N-alkyation and N-actylation of polyaniline and its effect on solubility and electrical conductity[J]. Journal of Polymer Science, Part A: Polymer Chemistry, 1997, 35(9): 1673-1679.

[18] Zhao B Z, Neoh K G, Kang E T. Concurrent N-alkylation and doping of polyaniline by alkyl halide [J]. Chemistry of Materials, 2000, 12(6): 1800-1806.

[19] Manohar S K, MacDiarmid A G. N-substituted derivatives of polyaniline[J]. Synthetic Metals, 1989, 29(1): 349-356.

[20] Chevalier J W, Bergeron J Y, Dao L H. Synthesis, characterization, and properties of poly (N-alkyanilines) [J]. Macromolecules, 1992, 25(13): 3325-3331.

[21] Dao L H, Bergeron J Y, Chevalier J W, et al. Spectroscopic studies of soluble poly(N-alkyl aniline) in solution and in cased films[J]. Synthetic Metals, 1991, 41(1-2): 655-659.

[22] Langer J J. N-substituted polyanilines: poly (N-methylaniline) and related copolymers [J]. Synthetic Metals, 1990, 35(3): 295-300.

[23] Bergeron J Y, Dao L H. Electrical and physical properties of

new electrically conducting quasi composites. Poly(aniline-co-*N*-butylaniline) copolymers[J]. Macromolecules, 1992, 25(13): 3332-3337.

[24] Wei Y, Hsueh K F, Jang G W. Monitoring the chemical polymerization of aniline by open-circuit-potential measurements[J]. Polymer, 1994, 35(16): 3572-3575.

[25] Mattoso L H C, Manohar S K, MacDiamid A G, et al. Studies on the chemical syntheses and on the characteristics of polyaniline derivatives[J]. Journal of Polymer Science, Part A: Polymer Chemistry, 1995, 33(18): 1227-1234.

[26] Diaz F R, Sanchez C O, Valle M A, et al. Synthesis, characterization and electrical properties of poly(2,5-, 2,3- and 3,5-dichloroaniline)s. Part Ⅱ. copolymers with aniline [J]. Synthetic Metals, 2001, 118(1-3): 25-31.

[27] Fan J H, Wan M X, Zhu D B. Synthesis and properties of aniline and *o*-aminobenzenesulfonic acid copolymer [J]. Chinese Journal of Polymer Science, 1999, 17(2): 165-170.

[28] Borkar A D, Gupta M C, Umare S S. Electrical and optical properties of conducting copolymer: poly(aniline-co-ethylaniline) [J]. Polymer Plastics Technology and Engineering, 2001, 40(2): 225-234.

[29] Li X G, Wang L X, Huang M R, et al. Synthesis and characterization of pyrrole and anisidine copolymers [J]. Polymer, 2001, 42(14): 6095-6103.

[30] Li X G, Duan W, Huang M R, et al. A soluble ladder copolymer from *m*-phenylenediamine and ethoxyaniline[J]. Polymer, 2003, 44(19): 5579-5595.

[31] 廖川平, 顾明元. 苯胺聚合反应中重铬酸盐的还原机理[J]. 物理化学学报, 2003, 19(7): 580-583.

［32］ Yasuda A, Shimidzu T. Chemical oxidative polymerization of aniline with ferric chloride［J］. Polymer Journal, 1993, 25 (4): 329-338.

［33］ 周震涛, 杨洪业, 王克俭, 等. 聚苯胺的化学合成、结构及导电性能［J］. 华南理工大学学报, 1996, 24(7): 72-77.

［34］ Cao Y, Andreattat A, Heeger A J, et al. Influence of chemical polymerization conditions on the properties of polyaniline［J］. Polymer, 1989, 30(12): 2305-2311.

［35］ Li X G, Duan W, Huang M R, et al. Preparation and characterization of soluble terpolymers from *m*-phenylenediamine, *o*-anisidine, and 2, 3-xylidine［J］. Journal of Polymer Science, Part A: Polymer Chemistry, 2001, 39 (22): 3989-4000.

［36］ Cataldo F. On the polymerization of *p*-phenylenediamine ［J］. European Polymer Journal, 1996, 32(1): 43-50.

［37］ Li X G, Huang M R, Chen R F, et al. Preparation and characterization of poly (*p*-phenylenediamine-co-xylidine) ［J］. Journal of Applied Polymer Science, 2001, 81 (13): 3107-3116.

［38］ Wei W, Focke W W, Wnek G E, et al. Synthesis and electrochemistry of alkyl ring-substituted polyanilines［J］. The Journal of Physical Chemistry, 1989, 93(1): 495-499.

［39］ Albuquerque J E, Mattoso L H C, Balogh D T, et al. A simple method to estimate the oxidation state of polyanilines ［J］. Synthetic Metals, 2000, 113(1-2): 19-22.

［40］ Chaudhari H K, Kelkar D S. X-ray diffraction study of doped polyaniline［J］. Journal of Applied Polymer Science, 1996, 62(1): 15-18.

［41］ Chang M J, Myerson A S, Kwei T K. Gas transport in ring substituted polyanilines ［J］. Polymer Engineering and

Science,1997,37(15): 868-875.

[42] Qu L T,Shi G Q,Yuan J Y,et al. Preparation of polypyrrole microstructures by direct electrochemical oxidation of pyrrole in an aqueous solution of camphorsulfonic acid[J]. Journal of Electroanalytical Chemistry,2004,561(1): 149-156.

[43] Takamuku S,Takeoka Y,Rikukawa M. Enzymatic synthesis of polyaniline particles[J]. Synthetic Metals, 2003, 135 - 136(EX1-EX8): 331-332.

[44] Epstein A J, Ginder J M, Zuo F, et al. Insulator-to-mental transition polyanilie[J]. Synthetic Metals,1987,18: 303 - 309.

[45] Tzou K, Gregory R V. Kinetic study of the chemical polymerization of aniline in aqueous solutions[J]. Synthetic Metals,1992,47(3): 267-277.

[46] Wei Y, Sun Y, Tang X. Autoacceleration and kinetics of electrochemical polymerization of aniline[J]. The Journal of Physical Chemistry,1989,93(12): 4878-4881.

[47] Shim Y B, Park S M. Electrochemistry of conductive polymers Ⅶ. Autocatalytic rate constant for polyaniline growth[J]. Synthetic Metals,1989,29(1): 169-174.

[48] Master T G, Sun Y, MacDiarmid A G, et al. Polyaniline: Allowed oxidation states [J]. Synthetic Metals, 1991, 41 (1-2): 715-718.

[49] Malinauskas A, Holze R. An in situ UV-vis spectroelectro-chemical investigation of the initial stags in the elelctrooxi-dation of selected ring- and nitrogen-alkylsubstituted anilines [J]. Electrochimica Acta,1999,44(15): 2613-2623.

[50] Malinauskas A, Holze R. In situ spectroelectrochemical evidence of an EC mechanism in the electrooxidation of *N*-methylaniline [J]. Berichte der Bunsengesellschaft für

Physikalische Chemie,1997,101(12): 1859-1864.

[51] Malinauskas A, Holze R. UV-vis spectroelectrochemical detection of intermediate species in the electropolymerization of an aniline derivative[J]. Electrochimica Acta,1998,43 (16-17): 2413-2422.

第3章　N-乙基苯胺与苯胺的乳液聚合

3.1　概述

在苯环或 N 位上引入烷基或烷氧基可以得到溶解性能较好的取代聚苯胺[1-5]。此外,用功能性质子酸(樟脑磺酸和十二烷基苯磺酸等)对聚苯胺进行掺杂也可以制备出可溶性聚苯胺[6,7]。Cao 等[8,9]采用樟脑磺酸(CSA)作为掺杂剂,得到的掺杂态聚苯胺可溶于间甲酚中,其薄膜的室温电导率可达 3×10^4 S·cm^{-1},但是这种方法的制备步骤烦琐,而且 CSA 用量相当大,从而限制了其大规模应用。聚苯胺的合成方法主要有化学氧化法[10-12]和电化学聚合法[13-15],最近不少研究者采用乳液聚合法合成了具有较高摩尔质量和较好溶解性能的聚苯胺[16,17]。Osterholm 等[9,18]以十二烷基苯磺酸(DBSA)为掺杂剂和乳化剂,在水-二甲苯乳液体系中制备出掺杂态的聚苯胺。这种方法不仅简化了合成步骤,而且得到的聚苯胺具有较大的摩尔质量和较好的溶解性。Kinlen 等[16]以二壬基萘磺酸为掺杂剂和乳化剂,在 2-丁氧基乙醇与水的混合体系中制备出了可溶性聚苯胺,该聚合产物具有较大的摩尔质量(M_w>22 000 g/mol),电导率为 10^{-5} S·cm^{-1},能溶于二甲苯和甲苯。近来,Han 等也采用不同的乳化剂合成了较大摩尔质量的聚苯胺[19-22]。但是,对苯胺衍生物乳液聚合的研究比较少,厦门大学的戴李宗等以十二烷基硫酸钠为乳化剂分别对 2,5-二甲氧基苯胺和间氯苯胺的乳液聚合进行了研究[23,24]。

第 2 章研究了 N-乙基苯胺与苯胺的溶液聚合,并对所得聚合物的溶解性能和摩尔质量进行了表征。研究表明,*N*-乙基苯胺的加入,使聚合物具有较好的溶解性能,但同时其摩尔质量较小[25]。为了进一步研究 *N*-乙基苯胺与苯胺的聚合,同时得到具有较大摩尔质量和较好溶解性能的 *N*-乙基苯胺与苯胺共聚物,本章采用乳液聚合法对该聚合体系进行深入的研究。通过改变乳化剂的用量、氧化剂的用量、单体摩尔比及聚合温度等聚合条件,系统地研究 *N*-乙基苯胺与苯胺的乳液聚合,并采用红外光谱和紫外光谱等对所得的聚合物进行表征。此外,本章还研究这些共聚物在不同溶剂中的溶致变色性能和溶剂热色性能。

3.2　实验部分

3.2.1　主要试剂

实验所用十二烷基苯磺酸钠(DBSA)购自中国医药集团上海化学试剂公司,分析纯。

其他的试剂和实验设备同 2.2.1 节。

3.2.2　仪器和测试

聚合物的表征方法和所用仪器同 2.2.2 节。

3.2.3　共聚物的合成

称取一定量的十二烷基苯磺酸钠加入 120 mL 1.0 mol/L 盐酸中,将反应瓶放入设定温度的水浴中,匀速搅拌 0.5 h,十二烷基苯磺酸钠完全溶解后得到乳白色的乳状液,再往该乳状液中加入一定配比的 *N*-乙基苯胺与苯胺,乳化 1 h 后,得到乳白微带黄色的乳状液。将滴完 30 mL($(NH_4)_2S_2O_8$ 的盐酸溶液的时间控制在 30 min 左右。随着聚合反应的进行,体系的颜色由乳白色逐渐变为浅蓝色、蓝色,最终变成墨绿色。该反应在恒定的温度下进行 24 h,再将得到的墨绿色黏稠乳状液倒入 600 mL 丙酮中破乳,经减压过滤得到深绿色的沉淀物,分别用 1.0 mol/L 盐酸和大量的蒸馏水洗涤滤饼,至滤液无色并用 1.0 mol/L $BaCl_2$ 溶液检查滤液中是否还含有硫酸根离子。用 0.2 mol/L

$NH_3 \cdot H_2O$ 对产物进行去掺杂处理,24 h 后过滤,再用大量蒸馏水洗涤至中性,所得的产物在红外灯下烘干。

3.3　结果与讨论

3.3.1　聚合条件对共聚反应的影响

3.3.1.1　单体摩尔比的影响

图 3.1 是乳液聚合中 N-乙基苯胺与苯胺的配比对聚合产率和重均摩尔质量的影响。从图中的曲线可以看出,聚合产率和重均摩尔质量对两种单体的配比有很强的依赖性。在苯胺均聚时,所得的聚合物的聚合产率大于 100%,这是因为部分乳化剂没有被洗掉而残留在聚合物中,这也可以从其红外光谱中得到证明。当聚合体系中 EA 的含量逐渐增大时,聚合产率逐渐降低,在 EA 的含量为 90%时达到最小值(35.9%),而 EA 均聚时的产率却上升为 45.5%,这与吡咯和一些苯胺衍生物的化学氧化聚合的变化规律相似,但与苯胺和 N-乙基苯胺的溶液聚合有所不同[25-27]。在乳液聚合体系中,两种单体在彼此的聚合过程中起着阻聚作用。同时,该聚合体系中重均摩尔质量的变化也表现出相似的规律,随着 EA 含量的增加,共聚物的重均摩尔质量逐渐减小,在 EA 的含量为 70%时达到最小值 3 160 g/mol,然后随着 EA 增加而增大,N-乙基苯胺(EA)的均聚物的重均摩尔质量为 4 982 g/mol。乳液聚合所得的聚合物的摩尔质量大于相应聚合条件下的溶液聚合所得聚合物的摩尔质量,这主要是由于乳化剂的存在使聚合过程发生了变化。当体系中苯胺的含量较大时,所得到的苯胺阳离子的浓度较大,这样有利于链增长反应的进行,从而得到摩尔质量较大的聚合物;当 EA 的含量增大时,两种单体的阻聚作用也增大,从而阻碍了链增长反应的进行,最终的结果是摩尔质量下降;而在 N-乙基苯胺均聚体系中也能得到摩尔质量较大的聚合物,这主要是由于乳化剂的存在及 N-乙基苯胺上乙基的给电子效应的共同作用。N-乙基苯胺

被氧化成阳离子自由基后具有较好的稳定性,且体系中有乳化剂存在,因此聚合反应的速度变慢,但同时乳化剂的存在使链终止反应难以进行,因而得到摩尔质量较大的聚合物。

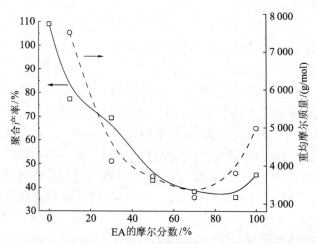

聚合条件:氧化剂/单体=1/1,乳化剂/单体=1/1,聚合温度:2~5 ℃。

图3.1 *N*-乙基苯胺与苯胺的配比对聚合产率和重均摩尔质量的影响

3.3.1.2 乳化剂用量的影响

乳化剂在乳液聚合中起着十分重要的作用,它能在聚合体系中形成胶束,使胶束成为聚合反应的主要场所,从而使聚合反应的速度加快,摩尔质量提高。在苯胺类单体的乳液聚合中,乳化剂在聚合体系中除了能形成胶束外,还能作为聚合物的掺杂剂。在苯胺的乳液聚合中,乳化剂一般为阴离子型,如十二烷基苯磺酸或其钠盐[19,20]。本研究体系采用十二烷基苯磺酸钠作为乳化剂,将其溶解于 1.0 mol/L 盐酸中,研究其用量对聚合产物的摩尔质量及其产率的影响。

图3.2是聚合体系中乳化剂的用量与 EA/AN(50/50)共聚物的重均摩尔质量和产率的关系图。当体系中没有加入乳化剂时,也就是在溶液聚合体系中,所得到的聚合物的产率和重均摩尔质量分别为43.3%和2 577 g/mol。当乳化剂与单体摩尔比为

1/4 时,所得的共聚物具有最大的重均摩尔质量(5 486 g/mol),此时的摩尔质量是溶液聚合产物的 2 倍多,且同时具有较高的聚合产率;当乳化剂与单体摩尔比为 2/4 时,所得的聚合物具有最大的聚合产率,但重均摩尔质量有较大的下降;当乳化剂与单体摩尔比为 4/4 时,聚合产率下降为 43.1%,聚合物的重均摩尔质量减小为 3 717 g/mol;当乳化剂用量继续增大时,聚合产率和重均摩尔质量都呈下降的趋势,当乳化剂与单体摩尔比为 6/4 时,聚合产率和重均摩尔质量分别为 39.4% 和 3 289 g/mol。以上的研究表明,适量乳化剂的加入能有效地提高聚合物的摩尔质量,同时聚合产物具有较高的聚合产率。这也表明乳化剂的存在对 EA/AN 的共聚有较大的影响。乳化剂在聚合体系中能形成一定数量的乳胶粒,当单体加入乳液后,部分单体进入乳胶粒中形成胶束,同时乳化剂可以与单体形成一种络合物,这种络合物能使单体阳离子自由基在聚合体系中具有很好的稳定性,从而有利于链增长反应的进行,使聚合物的摩尔质量增大;同时乳化剂的存在对体系的黏度有一定的影响,体系黏度的大小对聚合链增长反应和链终止反应起决定作用。当乳化剂与单体摩

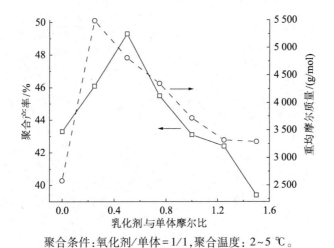

聚合条件:氧化剂/单体=1/1,聚合温度:2~5 ℃。

图 3.2　乳化剂用量与 EA/AN(50/50)共聚物的重均摩尔质量和产率的关系图

尔比为 1/4 时,体系的黏度正好有利于链增长反应,从而能够得到摩尔质量较大的聚合物;当乳化剂用量较大时,体系的黏度增大,阻碍了链增长反应的进行,使聚合物的摩尔质量和产率都降低。

3.3.1.3　氧化剂用量的影响

图 3.3 是聚合体系中氧化剂用量与聚合产率及共聚物的重均摩尔质量的关系图。随着氧化剂用量的增加,聚合物的产率逐渐提高,而共聚物的重均摩尔质量则表现出不一样的变化规律。当氧化剂用量较少时,所得到的共聚物具有较大的重均摩尔质量,随着氧化剂用量的增加,共聚物的重均摩尔质量先减小,在氧化剂与单体摩尔比为 4/4 时,共聚物的重均摩尔质量最小;而氧化剂用量继续增大时,重均摩尔质量又继续增大。这种现象与 EA/AN 溶液聚合时不相同,这主要是因为有乳化剂的存在[25]。当氧化剂用量较少时,由于 N-乙基苯胺(EA)的氧化电位低于苯胺(AN),少量氧化剂的加入使体系中有较多的 N-乙基苯胺阳离子自由基形成,同时,乳化剂与 N-乙基苯胺也能形

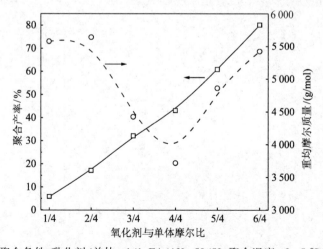

聚合条件:乳化剂/单体=1/1,EA/AN=50/50,聚合温度:2~5 ℃。

图 3.3　氧化剂用量与聚合产率及共聚物的重均摩尔质量的关系图

成具有较高稳定性的络合物,这两方面的因素有利于 N-乙基苯胺的聚合,这种情况下所得的聚合物可能含有较大的 EA 单元,因此这些聚合物也具有较好的溶解性能。当氧化剂用量增大,特别是在氧化剂与单体摩尔比为 4/4 时,聚合体系中的两种单体都能被氧化成阳离子自由基,从而使聚合过程中两种单体的阻聚作用增大,使得聚合物的摩尔质量减小。而当氧化剂与单体摩尔比大于 4/4 时,聚合体系有利于苯胺的聚合,而且乳化剂的存在使 N-乙基苯胺的聚合速率减慢,从而得到摩尔质量较大的聚合物,此时所得的聚合物含有较多的苯胺结构单元。

3.3.1.4　聚合温度的影响

图 3.4 是聚合温度与聚合产率及共聚物的重均摩尔质量的关系图。聚合产率随聚合温度的升高而降低。在 2~5 ℃时具有最高的聚合产率和中等的重均摩尔质量,这主要是因为低温时氧化剂分解速度较慢,阳离子自由基在此聚合体系中具有较高的稳定性,而乳化剂的存在使链终止反应速率降低,且在低温下降解反应(水解等)难以进行,这几方面因素都有利于链增长反应的进行,从而使聚合产率较高、摩尔质量较大。当聚合温度升高时,聚合产率逐渐降低,而聚合物的摩尔质量在 20 ℃时最高,然后随聚合温度的升高而减小。聚合温度升高使氧化剂分解速率加快,同时体系的黏度下降,这会使体系中的链增长和链终止反应都加快,这种竞争反应会使摩尔质量在一定的温度范围内呈现出一个峰值,20 ℃就是这个极值点。当聚合温度低于 20 ℃时,链增长速度大于链终止速度,从而使摩尔质量不断增大;当聚合温度高于 20 ℃后,链终止速度大于链增长速度,同时在较高的聚合温度下聚合体系中的副反应(如降解、侧链反应等)增多,这些因素使较高聚合温度下聚合体系的聚合产率和聚合物的摩尔质量都降低[28]。与溶液聚合相似,较低的温度(低于 20 ℃)有利于得到产率较高且摩尔质量较大的共聚物。

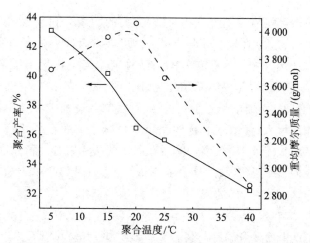

聚合条件:氧化剂/单体=1/1,乳化剂/单体=1/1,EA/AN=50/50。

图3.4　聚合温度与聚合产率及共聚物的重均摩尔质量的关系图

3.3.2　聚合物的结构表征

3.3.2.1　红外光谱

图3.5为乳液聚合法所得到的不同单体摩尔比的 EA/AN 共聚物的红外光谱图,这些共聚物的红外光谱图与溶液聚合得到的共聚物的红外光谱图相似[25]。在 3 378~3 414 cm^{-1} 范围出现一个宽吸收带,这是—NH—伸缩振动的特征吸收,该吸收峰的吸收强度随 *N*-乙基苯胺的含量从 0 到 100% 表现出逐渐减弱的趋势[29]。3 000 cm^{-1} 左右的吸收峰是 C—H 伸缩振动的特征峰,其中大于3 000 cm^{-1} 的吸收峰是苯环上的 C—H 伸缩振动吸收峰;小于3 000 cm^{-1}($2 850 cm^{-1}$ ~ $3 000 cm^{-1}$)的吸收峰是—CH$_3$和—CH$_2$—伸缩振动的特征吸收峰。共聚物的红外光谱在 2 869~3 040 cm^{-1} 处出现四个吸收峰:3 034 cm^{-1} 处的吸收峰对应苯环上的 C—H 的伸缩振动,2 969 cm^{-1} 处的吸收峰对应—CH$_3$的非对称伸缩振动,2 929 cm^{-1} 处的吸收峰对应—CH$_2$—的非对称伸缩振动,2 871 cm^{-1} 处的吸收峰对应—CH$_3$ 和—CH$_2$—的对称伸缩振动,这是两个基团吸收峰的重合。在聚

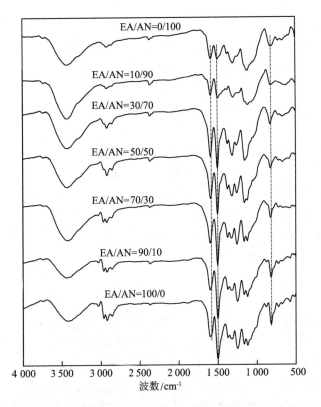

图 3.5　不同单体摩尔比的 EA/AN 共聚物的红外光谱图

苯胺中没有出现这一系列吸收峰,而在 N-乙基苯胺/苯胺共聚物中出现了,并且随着 EA 含量的增大呈增强的趋势,说明两者发生了共聚。与溶液聚合产物相比,2 929 cm^{-1} 和 2 871 cm^{-1} 处的两个吸收峰都向高波数方向移动,说明乳化剂对聚合物起,掺杂作用[30];此外,聚苯胺在 3 037 cm^{-1} 和 1 030 cm^{-1} 处出现了两个吸收峰,表明聚合产物中残留了部分乳化剂,聚合产率大于100%也是因为有乳化剂的存在。在 1 593 cm^{-1} 和 1 503 cm^{-1} 处的两个强吸收峰分别对应于共聚物主链上的醌式(C=C)和苯式(C—C)的骨架振动。随着共聚物中 EA 含量的增加,1 593 cm^{-1}处的强吸收峰逐渐向高波数方向移动,而且其强度与 1 503 cm^{-1}

处的吸收峰相比较弱,说明聚合物中的醌式含量逐渐降低。较多 EA 的加入,使聚合物分子链的共平面性下降,分子链的共轭长度缩短。1 377 cm^{-1} 处较弱的吸收峰对应乙基上 C—H 的弯曲振动;而 1 307 cm^{-1} 左右的吸收峰对应苯环上的 C—N 伸缩振动;1 251 cm^{-1} 左右的吸收峰对应 *N*-乙基苯胺上 C—N 的伸缩振动,这个吸收峰在聚苯胺中没有出现。1 156 cm^{-1} 左右的吸收峰对应苯环上 C—H 的面内弯曲振动,随着共聚物中 EA 含量的增加,该峰在 1 123 cm^{-1} 处出现了一个肩峰。818~829 cm^{-1} 范围的吸收峰对应苯环上 C—H 的面外弯曲振动,这个吸收峰的出现说明苯环发生了 1,4-取代,两种单体在共聚的过程中基本上是通过头尾连接的,环取代反应在共聚过程中发生的概率较小。

3.3.2.2 紫外可见光谱

图 3.6 是不同单体摩尔比的本征态 EA/AN 共聚物的紫外可见光谱图。从谱图中可以看到,共聚物的紫外可见吸收曲线都出现两个吸收峰:一个在 323~332 nm 处,这是由 π-π^* 跃迁引发的;另一个在 598~621 nm 处,这是由双极子跃迁(n-π^* 跃迁)引发的。双极子跃迁可以反映分子链构型的变化,这个峰的位置可以用来定性地分析共聚物分子链的共轭长度[31]。对于不同组成的共聚物,323~332 nm 处吸收峰的吸光度随着 EA 含量的增加而呈下降的趋势,这些峰的位置基本是不变的;而 598~621 nm 处的吸收峰则表现出不同的变化规律。对于聚 (*N*-乙基苯胺),该处的吸收很弱,几乎没有出现吸收峰,这是由于乙基的空间位阻效应使分子链的共平面性较差,分子链的共轭长度较短,由此可预测其电导率也可能较低。当 EA 的含量逐渐降低时,该处吸收峰的强度逐渐增强,而且其位置表现出红移的现象。这是由于 EA 含量的降低有利于分子链中醌式结构的形成,从而使其分子链的共轭长度变长。与溶液聚合产物相比,323~332 nm 处的吸收峰没有出现明显的变化,而 598~621 nm 处的吸收峰存在不同程度的红移。对于相同配比的聚合产物,乳液聚合产物的吸收峰出现在更高的波长处,这表明此

时聚合物具有更长的共轭长度,这也是由乳液聚合所得的聚合产物具有更大的摩尔质量所致。同样,笔者也研究了紫外光谱图中两个吸收峰的积分面积之比[32]。图 3.6 的插图显示,323~332 nm 处吸收峰的积分面积(A_1)与 598~621 nm 处吸收峰的积分面积(A_2)之比随投料中 *N*-乙基苯胺含量的增加而增大,这表明随着 EA 含量的增大,分子链的共轭长度变短,这与红外光谱的结论一致。

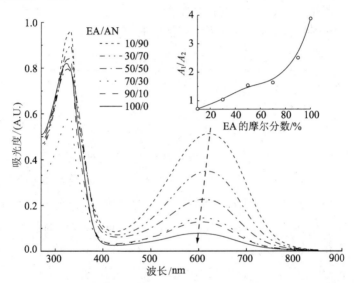

图 3.6　不同单体摩尔比的本征态 EA/AN 共聚物的紫外可见光谱图

3.3.3　聚合物的性能

3.3.3.1　溶解性能

表 3.1 至表 3.4 列出了不同的单体摩尔比、乳化剂与单体摩尔比、氧化剂与单体摩尔比和聚合温度等聚合条件下所得聚合物的溶解性能。乳液聚合所得的聚苯胺表现出不同的溶解性能,只能溶于浓硫酸中,在 NMP、甲酸中大部分溶解,小部分溶解于 DMF、DMSO 和 THF 中,而完全不溶于 $CHCl_3$。这与文献报道的不一致,可能是由聚合工艺不同引起的。EA/AN 共聚物和

聚(*N*-乙基苯胺)与之相比,溶解性能有较大的改善,能完全溶解于浓硫酸、NMP 和甲酸中。EA/AN(10/90)和 EA/AN(30/70)只能大部分溶解于 DMF 中,而 EA 摩尔分数大于 50%时,能全部溶解于 DMF 中。这些共聚物在 DMSO 中只是部分或大部分溶解。随着 EA 含量的增大,共聚物在 THF 和 CHCl₃ 中的溶解性有明显的改善,从小部分溶解、大部分溶解到完全溶解。溶解性能的改善与乙基的存在有很大的关系,乙基的引入使分子链间距增大,分子链间的相互作用力减小,有利于有机溶剂渗透到分子链之间,从而有助于溶解性能的改善。

表 3.1　EA 与 AN 摩尔比对共聚物溶解性能的影响

EA 与 AN 摩尔比	溶解性能及溶液颜色						
	浓硫酸	NMP	甲酸	DMF	DMSO	THF	CHCl₃
0/100	S (b)	MS (bl)	MS (g)	PS (bl)	PS (bl)	PS (bl)	IS
10/90	S (b)	S (bl)	S (g)	MS (bl)	PS (bl)	MS (bl)	PS (y)
30/70	S (b)	S (bl)	S (g)	MS (bl)	MS (bl)	MS (bl)	PS (g)
50/50	S (b)	S (bl)	S (g)	S (bl)	MS (bl)	MS (bl)	MS (g)
70/30	S (b)	S (bl)	S (g)	S (bl)	MS (bl)	MS (bl)	S (g)
90/10	S (b)	S (bl)	S (g)	S (bl)	MS (bl)	S (bl)	S (g)
100/0	S (b)	S (bl)	S (g)	S (bl)	MS (bl)	S (bl)	S (g)

　　注: 1. 聚合条件:乳化剂为 SDBS;反应介质:1.0mol/L HCl 溶液;聚合温度:2~5 ℃;氧化剂/单体 = 1/1,乳化剂/单体=1/1。
　　　　2. S 表示完全溶解,MS 表示大部分溶解,PS 表示部分溶解,IS 表示不溶解;b 代表紫色,bl 代表蓝色,g 代表绿色,y 代表黄色。

　　不同的乳化剂用量条件下所得到的共聚物也具有不同的溶解性能(表 3.2)。乳液聚合所得的 EA/AN(50/50)共聚物能完全溶解于浓硫酸、NMP、DMF 和甲酸中,大部分溶解于 THF 和 CHCl₃ 中。不同乳化剂用量时所得的聚合产物在浓硫酸、NMP、DMF、甲酸和 THF 中的溶解性能是相同的,但在 DMSO 和 CHCl₃ 中表现出了不同的溶解性能,当乳化剂与单体摩尔比为 1/4 和

2/4 时,产物大部分溶解于 DMSO 中,而完全溶解于 CHCl$_3$ 中,
这可能是因为乳化剂用量较少,所得的聚合物中 EA 的含量较
高。当乳化剂与单体摩尔比为 3/4 时,EA/AN(50/50)共聚物
能大部分溶解于 DMSO 和 CHCl$_3$ 中;当乳化剂用量继续增大,产
物能完全溶于 DMSO 中,而大部分溶解于 CHCl$_3$ 中。

表 3.2　乳化剂与单体摩尔比对共聚物溶解性能的影响

乳化剂与单体摩尔比	溶解性能及溶液颜色						
	浓硫酸	NMP	DMF	甲酸	DMSO	THF	CHCl$_3$
0/4	S(b)	S(bl)	S(bl)	S(g)	S(bl)	MS(bl)	MS(y)
1/4	S(b)	S(bl)	S(bl)	S(g)	MS(bl)	MS(bl)	S(bl)
2/4	S(b)	S(bl)	S(bl)	S(g)	MS(bl)	MS(bl)	S(bl)
3/4	S(b)	S(bl)	S(bl)	S(g)	MS(bl)	MS(bl)	MS(bl)
4/4	S(b)	S(bl)	S(bl)	S(g)	S(bl)	MS(bl)	MS(g)
5/4	S(b)	S(bl)	S(bl)	S(g)	S(bl)	MS(bl)	MS(bl)
6/4	S(b)	S(bl)	S(bl)	S(g)	S(bl)	MS(bl)	MS(bl)

注:1. 聚合条件:乳化剂为 SDBS;反应介质:1.0 mol/L HCl 溶液;聚合
温度:2~5 ℃;氧化剂/单体=1/1,EA/AN=50/50。
　　2. S 表示完全溶解,MS 表示大部分溶解;b 代表紫色,bl 代表蓝
色,g 代表绿色,y 代表黄色。

改变氧化剂的用量和聚合温度,虽然能得到不同聚合产
率和摩尔质量的聚合物,但这些因素对所得聚合物的溶解性
能的影响不明显(表 3.3 和表 3.4),可能是这些条件下所得到
的聚合物具有相似的分子链结构,这也从另一方面说明,摩尔
质量的大小对具有相似结构的聚合物的溶解性能影响不大。
这些聚合物都能完全溶解于浓硫酸、NMP、甲酸、DMF 和
DMSO 中,大部分溶解于 THF 和 CHCl$_3$ 中。这与溶液聚合产
物的溶解性能相似。

表 3.3　氧化剂与单体摩尔比对共聚物溶解性能的影响

氧化剂与单体摩尔比	溶解性能及溶液颜色						
	浓硫酸	NMP	DMF	甲酸	DMSO	THF	CHCl$_3$
1/4	S（b）	S（bl）	S（bl）	S（g）	S（bl）	MS（bl）	S（bl）
2/4	S（b）	S（bl）	S（bl）	S（g）	S（bl）	MS（bl）	S（bl）
3/4	S（b）	S（bl）	S（bl）	S（g）	S（bl）	MS（bl）	MS（bl）
4/4	S（b）	S（bl）	S（bl）	S（g）	S（bl）	MS（bl）	MS（g）
5/4	S（b）	S（bl）	S（bl）	S（g）	S（bl）	MS（bl）	MS（bl）
6/4	S（b）	S（bl）	S（bl）	S（g）	S（bl）	MS（bl）	MS（bl）

注：1. 聚合条件：乳化剂为 SDBS；反应介质：1.0 mol/L HCl 溶液；聚合温度：2~5 ℃；乳化剂/单体=1/1，EA/AN=50/50。

　　2. S 表示完全溶解，MS 表示大部分溶解；b 代表紫色，bl 代表蓝色，g 代表绿色。

表 3.4　聚合温度对共聚物溶解性能的影响

聚合温度/℃	溶解性能及溶液颜色						
	浓硫酸	NMP	DMF	甲酸	DMSO	THF	CHCl$_3$
5	S（b）	S（bl）	S（bl）	S（g）	S（bl）	MS（bl）	MS（g）
15	S（b）	S（bl）	S（bl）	S（g）	S（bl）	MS（bl）	MS（g）
20	S（b）	S（bl）	S（bl）	S（g）	S（bl）	MS（bl）	MS（g）
25	S（b）	S（bl）	S（bl）	S（g）	S（bl）	MS（bl）	MS（bl）
40	S（b）	S（bl）	S（bl）	S（g）	S（bl）	MS（bl）	MS（bl）

注：1. 聚合条件：乳化剂为 SDBS；反应介质：1.0 mol/L HCl 溶液；氧化剂/单体=1/1，乳化剂/单体=1/1，EA/AN=50/50。

　　2. S 表示完全溶解，MS 表示大部分溶解；b 代表紫色，bl 代表蓝色，g 代表绿色。

3.3.3.2　成膜性能

　　乳液聚合所得到的 EA/AN 共聚物与溶液聚合的产物相比，具有较大的摩尔质量，同时其溶解性能也得到了改善，由此笔者预测其成膜性能也应该有所改善。笔者以 NMP 为成膜溶剂，研究了不同的单体摩尔比 EA/AN 共聚物的成膜性能。不同组成的 EA/AN 共聚物在 NMP 中具有很好的溶解性,在水平玻璃板上得到的聚合物膜光滑平整,并具有金属光泽,颜色为深蓝色或黑色,但与溶液聚合的产物相比,颜色稍浅一些,这可能是因为聚合产物中含有少量的乳化剂,同时,它们的脱膜性能则要优于溶液聚合产物。当 EA 的含量较低时,聚合物膜能很快地从玻璃板上脱下,而且能得到光滑、柔韧的致密膜。当 EA 的含量超过 30% 时,该聚合物膜的脱膜性变差,虽然可以从玻璃板上脱下,但得到的聚合物膜的脆性增大;而 EA/AN(70/30) 的脱膜性能最差,当被放入水中经过一段时间后,原来光滑平整的膜碎裂成小的碎片,这可能是因为其摩尔质量较小;EA/AN(90/10) 和 EA/AN(100/0) 两种聚合物的脱膜性能也较好,虽然脱膜的时间比较长,但能得到较完整的脆性膜。由此可知,乳液聚合所得的共聚物具有较好的成膜性能,但脱膜性能与它们的组成和摩尔质量有关,摩尔质量较小使共聚物膜的脆性增大,脱膜性能降低。

3.3.3.3　电性能

从表 3.5 至表 3.8 中的数据可以看出,掺杂使聚合物的电导率有较大的提高,但对不同组成的聚合物的提高程度是不相同的。表 3.5 列出了不同组成的去掺杂态和掺杂态 EA/AN 共聚物的电导率。去掺杂态共聚物的电导率较低,在 $10^{-8} \sim 10^{-6}$ S·cm^{-1} 范围内,而且随着 EA 含量的增大而呈下降的趋势,而经过掺杂处理后,这些共聚物的电导率都有较大的提高,增大了 3~5 个数量级,同样是随 EA 含量的增大而呈下降的趋势,这是因为 EA 的存在使分子链的共平面性降低、共轭长度缩短。经掺杂处理后,乳液聚合所得到的聚苯胺的电导率为 1.61×10^{-1} S·cm^{-1},稍小于溶液聚合产物的电导率;而聚(*N*-乙基苯胺)的电导率为 1.03×10^{-5} S·cm^{-1},比溶液聚合产物提高了 2 个数量级。与溶液聚合产物相比,除 EA/AN(0/100) 和 EA/AN(10/90) 外,乳液聚合产物的电导率都提高了 2~3 数量级,它们的电导率都是随 EA 含量的增大而降低,但是没有出现逾渗转变现象。电导率的提高是源于摩尔质量的增大,但更重要的原因可能是乳液聚合使聚合物分子链的结构发生了一定的变化,乳化剂的存在起到了一种模板作用,使分子链的排列更规整,这有利于电导率的提高。由此可知,与溶液聚合产物相比,乳液聚合产物的摩尔质量较大、溶解性能较好、电导率较高。

表 3.5　EA 与 AN 摩尔比对共聚物电导率的影响

EA 与 AN 摩尔比	摩尔质量			电导率/$(S \cdot cm^{-1})$	
	$\overline{M}_n$	$\overline{M}_w$	$\overline{M}_w/\overline{M}_n$	去掺杂态	掺杂态
0/100	—	—	—	9.11×10^{-6}	1.61×10^{-1}
10/90	3 772	7 489	1.99	7.79×10^{-7}	1.09×10^{-1}
30/70	2 205	4 113	1.86	2.34×10^{-7}	1.96×10^{-2}
50/50	2 243	4 091	1.82	1.77×10^{-8}	6.38×10^{-3}
70/30	1 859	3 160	1.70	6.29×10^{-8}	4.90×10^{-4}
90/10	2 099	3 805	1.81	5.93×10^{-8}	5.42×10^{-5}
100/0	2 615	4 982	1.90	1.02×10^{-8}	1.03×10^{-5}

　　乳化剂用量对共聚产物的摩尔质量有较大的影响,同时它也影响着聚合物的电性能(表 3.6)。乳液聚合所得的 EA/AN(50/50)共聚物掺杂态的电导率为 7.46×10^{-7} S·cm^{-1},当乳化剂与单体摩尔比为 1/4 时,其电导率升高到 1.79×10^{-2} S·cm^{-1},这与摩尔质量的增大有一定的关系,但主要还是由分子链结构变化所致。随着乳化剂用量的增加,产物的电导率变化不大,在 5.0×10^{-3} S·cm^{-1} 附近波动。

表 3.6　乳化剂与单体摩尔比对共聚物电导率的影响

乳化剂与单体摩尔比	摩尔质量			电导率/$(S \cdot cm^{-1})$	
	$\overline{M}_n$	$\overline{M}_w$	$\overline{M}_w/\overline{M}_n$	去掺杂态	掺杂态
0/4	1 460	2 577	1.76	4.16×10^{-10}	7.46×10^{-7}
1/4	2 868	5 486	1.91	1.91×10^{-10}	1.79×10^{-2}
2/4	2 703	4 811	1.78	2.12×10^{-9}	4.15×10^{-3}

续表

乳化剂与单体摩尔比	摩尔质量			电导率/(S·cm^{-1})	
	$\overline{M}_n$	$\overline{M}_w$	$\overline{M}_w/\overline{M}_n$	去掺杂态	掺杂态
3/4	2 441	4 345	1.78	4.78×10^{-10}	5.24×10^{-3}
4/4	2 243	4 091	1.82	1.77×10^{-9}	6.38×10^{-3}
5/4	1 978	3 501	1.77	4.70×10^{-10}	4.12×10^{-3}
6/4	1 952	3 289	1.68	1.45×10^{-9}	5.69×10^{-3}

　　随着氧化剂用量的增加,掺杂态聚合产物的电导率呈下降的趋势(表 3.7),但与溶液聚合产物相比,仍提高了 3~4 个数量级。聚合温度对聚合产率和聚合物的摩尔质量有较大的影响,同时它也影响着聚合物的电性能(表 3.8)。随着聚合温度的升高,掺杂态聚合物的电导率呈下降的趋势,但下降的程度不大,这是因为聚合温度升高,聚合过程中的副反应也增多,使聚合物的摩尔质量减小,同时分子链的规整性变差,从而导致其电导率降低。

表 3.7　氧化剂与单体摩尔比对共聚物电导率的影响

氧化剂与单体摩尔比	摩尔质量			电导率/(S·cm^{-1})	
	$\overline{M}_n$	$\overline{M}_w$	$\overline{M}_w/\overline{M}_n$	去掺杂态	掺杂态
1/4	4 034	5 578	1.38	9.05×10^{-10}	9.57×10^{-3}
2/4	4 153	5 641	1.36	3.92×10^{-9}	7.20×10^{-3}
3/4	3 413	4 425	1.30	8.19×10^{-9}	5.30×10^{-3}
4/4	2 243	4 091	1.82	1.77×10^{-8}	6.38×10^{-3}
5/4	3 834	4 861	1.27	1.22×10^{-8}	5.74×10^{-3}
6/4	4 151	5 423	1.31	8.30×10^{-9}	5.23×10^{-3}

表 3.8　聚合温度对共聚物电导率的影响

聚合温度/℃	摩尔质量			电导率/$(S \cdot cm^{-1})$	
	$\overline{M}_n$	$\overline{M}_w$	$\overline{M}_w/\overline{M}_n$	去掺杂态	掺杂态
5	2 243	4 091	1.82	1.77×10^{-8}	6.38×10^{-3}
15	2 289	3 937	1.72	7.0×10^{-8}	3.56×10^{-3}
20	2 311	4 059	1.76	2.96×10^{-9}	1.09×10^{-3}
25	2 154	3 659	1.70	8.58×10^{-9}	1.39×10^{-3}
40	1 730	2 876	1.66	1.01×10^{-8}	8.78×10^{-4}

3.3.3.4　溶致变色性能

不同聚合条件下所得的共聚物具有不同的溶解性能,同时,这些聚合物在不同溶剂中还表现出了不同的颜色(表 3.1 至表 3.4)。在浓硫酸中为紫色,在 NMP、DMF、DMSO 和 THF 呈蓝色,而在甲酸中为绿色,在 CHCl₃ 中为蓝色或绿色,这是一种明显的溶致变色性能。在此,笔者采用紫外光谱法对聚合物的溶致变色性能进行了深入的研究。图 3.7 至图 3.9 是三种不同组成的共聚物在几种溶剂中的紫外可见光谱图。图 3.7 是 EA/AN(50/50)共聚物在 THF、CHCl₃、DMF、NMP、DMSO、甲酸、浓硫酸中的紫外可见光谱图。由图可知,该共聚物在不同的溶剂中表现出不同的紫外吸收,具有明显的溶致变色性。在 DMF、DMSO和 NMP 中,聚合物的溶液颜色呈蓝色,其紫外光谱图中出现两个吸收峰,分别位于 323~325 nm 和 614~625 nm 处,随着这几种溶剂极性的增强,低波长处的吸收峰变化较小,而高波长处的吸收峰表现出红移现象,这可能是因为溶剂极性的增强,使溶剂分子与聚合物分子链之间的相互作用增强,从而使共聚物分子链中亚氨基上的 N 原子的双极子的活动能力增大[33,34]。在THF 中,EA/AN(50/50)共聚物表现出三个较强的吸收峰,分别位于 315,420 和 890 nm 处,前者是由 π-π* 跃迁引发的,而后者则为掺杂态聚合物的醌式结构的吸收峰,这是因为 THF 为酸性溶剂。在 $CHCl_3$ 中,其紫外光谱图中出现了四个吸收峰,分别位于 318,420,584 和 835 nm 处。在甲酸中,EA/AN(50/50)共聚物溶液呈绿色,这与掺杂作用有关,其紫外光谱图中出现四个吸收峰,分别位于 311,360,840 和 1 071 nm 处,在 840 nm 处的吸收峰具有很强的吸收强度,这是由甲酸的掺杂作用所致。而在浓硫酸中,EA/AN(50/50)共聚物溶液呈紫色,在紫外可见光范围内有三个吸收峰,分别位于 307,480 和 1 073 nm 处,这表明共聚物在浓硫酸中并没有被氧化分解,480 nm 处吸收峰的出现可能还与浓硫酸的强氧化性有关,使共聚物中的醌式含量减少,从而出现红移现象,而 1 073 nm 处吸收峰的出现表明浓硫酸同时还对共聚物具有掺杂作用。EA/AN(70/30)和 EA/AN(100/0)共聚物在这几种溶剂中同样表现出较强的溶致变色性能,只不过是出现的吸收峰的峰位和吸收强度有所不同(图 3.8 和图 3.9)。EA/AN(70/30)共聚物在 DMF、DMSO 和 NMP 中都有两个吸收峰,位于 323 nm 和 610~620 nm 处;在 THF 中有三个吸收峰,分别位于 318,413 和 1 053 nm 处;在 $CHCl_3$ 中也出现了三个吸收峰,分别位于 316,583 和 1 036 nm 处;而在甲酸中只出现了两个吸收峰,分别位于 309 nm 和 1 073 nm 处,后者具有很强的吸收强度。EA/AN(100/0)共聚物在 DMF、DMSO 和 NMP 中也有两个吸收峰,位于 321~324 nm 和 608~614 nm 处;在 THF 中出现了四个吸收峰,分别位于 315,429,655 和 1 086 nm 处;在 $CHCl_3$ 中出现了三个吸收峰,分别位于 317,528 和 1 071 nm 处;在甲酸中出现了三个吸收峰,分别位于 312,591 和 1 065 nm 处,后者同样具有很强的吸收强度。

　　EA/AN 共聚物在不同的溶剂中表现出独特的溶致变色性能可能与以下几个因素有关:① 共聚物中的 EA 含量,EA 含量的高低将影响共聚物与溶剂的相互作用力,从而导致聚合物在溶液中的状态不同,聚合物在强极性溶剂中处于卷曲状态,而在弱极性溶剂中则可能处于较舒展状态;② 共聚物的掺杂程度及分子链的共轭长度;③ 溶剂的酸性强弱,酸性溶剂对共聚物具有掺杂作用,同时可使聚合物的紫外光谱表现出红移现象。

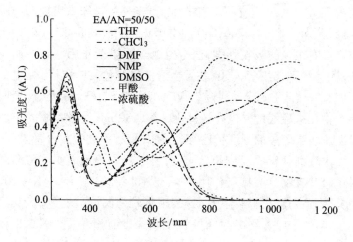

图 3.7　**EA/AN(50/50)共聚物在不同溶剂中的紫外可见光谱图**

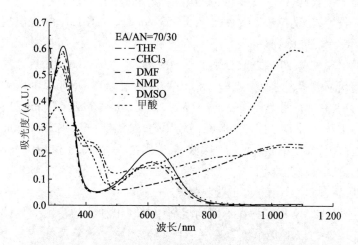

图 3.8　**EA/AN(70/30)共聚物在不同溶剂中的紫外可见光谱图**

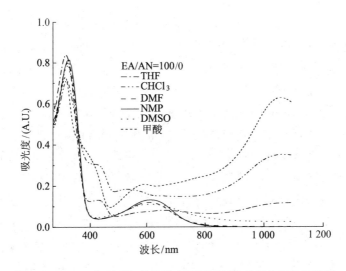

图 3.9　EA/AN(100/0) 共聚物在不同溶剂中的紫外可见光谱图

3.3.3.5　溶剂热色性能

　　EA/AN 共聚物不仅具有独特的溶致变色性能,同时还具有可逆的溶剂热色性能,也就是说,随着溶液温度的变化,其溶液的紫外光谱会表现出规律的变化。图 3.10 至图 3.13 是 EA/AN(50/50)共聚物分别在 THF、NMP、DMSO、甲酸和浓硫酸中,不同温度下的紫外可见光谱图。图 3.10 是 EA/AN(50/50)共聚物在 THF 和 NMP 中的紫外可见光谱图。25 ℃ 时,该共聚物在 THF 中具有两个吸收峰,分别在 317 nm 和 860 nm 处,随着溶液温度的升高,吸光强度逐渐减弱,同时低波长处的吸收峰出现了蓝移,从 317 nm 变为 313 nm(50 ℃)。在 NMP 溶液中,25 ℃ 时也有两个吸收峰,分别位于 324 nm 和 621 nm 处,随着溶液温度的升高,吸光强度逐渐减弱,另外,621 nm 处的吸收峰出现了蓝移,当温度从 25 ℃ 升至 90 ℃ 时,该吸收峰从 621 nm 逐渐变为 606 nm。图 3.11 是 EA/AN(50/50)共聚物在 DMSO 溶液中的升温和降温过程中的紫外可见光谱图。25 ℃ 时,EA/AN(50/50)共聚物在 DMSO 中的两个吸收峰分别位于 323 nm 和 618 nm 处,在升温的过程中,两个吸收峰的强度都是不断减弱的,同时,618 nm 处的吸收峰出现蓝移现象,从 618 nm 变为 605 nm。当溶液温度从 90 ℃ 降低至 25 ℃,其吸收峰的变化与升温过程相反,吸收强度不断增强,高波长处的吸收峰又从 605 nm 逐渐回到了 618 nm。图 3.12 是 EA/AN(50/50)共聚物在甲酸溶液中的升温和降温过程中的紫外可见光谱图。在 25 ℃ 时,其紫外光谱中有两个吸收峰,分别位于 356 nm 和 837 nm 处。此外,在较高的波长处还有一个吸收峰,但其峰位已超出了仪器的测量范围。随着溶液温度的升高,低波长处吸收峰的强度逐渐减弱,同时该吸收峰表现出红移现象,从 356 nm 变至 364 nm;而 837 nm 处吸收峰的强度也是逐渐减弱并有一定的红移,当温度为 40 ℃ 时,该吸收峰位于 892 nm 处,当温度继续升高时,该吸收峰变为肩峰。当溶液温度从 90 ℃ 下降至 25 ℃ 时,其紫外光谱图也表现出较好的可逆性。

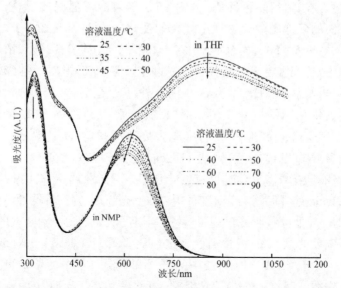

图 3.10　EA/AN(50/50)共聚物在不同温度下的紫外可见光谱图

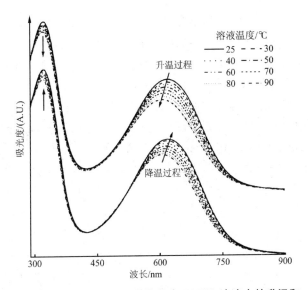

图 3.11　EA/AN(50/50) 共聚物在 DMSO 溶液中的升温和
降温过程中的紫外可见光谱图

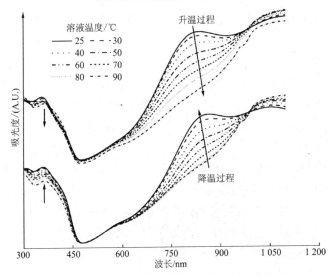

图 3.12　EA/AN(50/50) 共聚物在甲酸溶液中的升温和
降温过程中的紫外可见光谱图

EA/AN(50/50)共聚物在浓硫酸中呈紫色,浓硫酸是一种强氧化剂,在溶液升温和降温的过程中可能会使 EA/AN 共聚物的结构发生某些变化,使其在浓硫酸中具有特殊的热致变色性能。图 3.13 是 EA/AN(50/50)共聚物在浓硫酸中的升温过程、降温过程和二次升温过程中的紫外可见光谱图。在第一次升温过程中,25 ℃时紫外光谱图中出现了三个明显的吸收峰,分别位于 307,480 和 1 073 nm 处,此外在 800 nm 处还有一个肩峰。随着溶液温度的升高,307 nm 处吸收峰的强度逐渐增强并红移,从 307 nm 增至 321 nm,而 480 nm 处吸收峰的强度逐渐减弱;这表明在升温的过程中,聚合物的苯式含量逐渐增多,这是由于浓硫酸的强氧化性使聚合物分子链在高温下的氧化程度降低。而 800 nm 左右和 1 073 nm 处吸收峰的强度都逐渐增强,并表现出一定的蓝移。当溶液温度从 90 ℃下降至 25 ℃时,321 nm 和 480 nm 处吸收峰的峰位不变,但强度稍有增强,而816~860 nm 和 1 039~1 069 nm 处的吸收峰表现出红移现象,并且吸收强度逐渐减弱。共聚物在升温和降温过程中的紫外吸收光谱并没有像在其他溶剂中一样表现出较好的可逆性,这是因为浓硫酸使聚合物分子链的氧化程度发生了改变,而这一变化在升温和降温过程并不是可逆的过程。当该溶液二次升温时,则表现出与降温过程较好的可逆性,这说明经过第一次升温过程中的分子链结构变化后,聚合物的结构不再随溶液温度的反复变化而变化。

EA/AN 共聚物在不同的溶剂中表现出的溶剂热色性能与其分子链构象的变化有关。*N* 位上乙基的存在具有一定的空间位阻效应,对共聚物分子链的共平面性和共轭长度有较大的影响。在低温时,乙基的运动能力较低,当溶液温度升高时,其运动能力增强,使聚合物的共平面性下降,二面角增大,共轭长度缩短,在升温过程中表现出蓝移现象;而当溶液温度降低时,乙基的活动能力也下降,共聚物的分子结构恢复至最初的状态,从而使其表现出可逆的溶剂热色性能。此外,溶剂的酸性也可能对聚合物的溶剂热色性能有一定的影响,因为酸性溶剂对聚合物具有掺杂作用,而这种掺杂作用在溶液温度改变时也会发生变化,并且具有可逆性,这两方面的因素使聚合物具有可逆的溶剂热色性能。

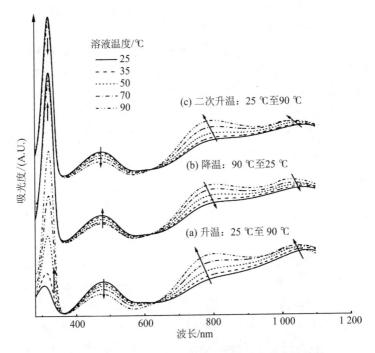

图 3.13　EA/AN(50/50)共聚物在浓硫酸中的升温过程、降温过程和二次升温过程中的紫外可见光谱图

3.4　本章小结

本章采用乳液聚合法合成了一系列 *N*-乙基苯胺/苯胺共聚物,系统地讨论了单体摩尔比、氧化剂用量、乳化剂用量和聚合温度对聚合产率、摩尔质量、溶解性能和电导率的影响,所得的共聚物具有独特的溶致变色性能和可逆的溶剂热色性能。主要结论如下：

（1）聚合物的产率和摩尔质量依赖于单体的摩尔比，共聚物 EA／AN（70/30）和 EA／AN（90/10）分别具有最小的摩尔质量和最低聚合产率；当乳化剂与单体摩尔比为 1/4 时所得的共聚物具有最大的摩尔质量和较高的产率；低温有利于得到摩尔质量较大的聚合产物。

（2）与溶液聚合相比，乳液聚合所得的聚合物具有更大的摩尔质量，相同聚合条件下所得到的聚合物具有更高的电导率，掺杂态聚合物的电导率为 $1.03 \times 10^{-5} \sim 1.61 \times 10^{-1}$ S·cm^{-1}；在有机溶剂中具有较好的溶解性能，能溶于 THF 和 CHCl$_3$ 中。

（3）共聚物在不同的溶剂中呈现出不同的颜色，不同组成的共聚物都具有独特的溶致变色和溶剂热色性能；共聚物在不同溶剂中的热致变色过程都是可逆的。

参考文献

［1］Leclerc M，Guay J，Dao L H. Synthesis and characterization of poly（alkylanilines）［J］. Macromolecules，1989，22（2）：649−653.

［2］Kumar D. Poly（*o*-toluidine） polymer as elctrochromic material［J］. European Polymer Journal，2001，37（8）：1721−1725.

［3］Choi H J，Kim J W，To K. Electrorheological characteristics of semiconducting poly（anilne-co-*o*-ethoxyaniline） suspension ［J］. Polymer，1999，40（8）：2163−2166.

［4］Falcou A，Longeau A，Maracq D，et al. Preparation of soluble *N*-and *o*-alkylated polyanilines using a chemical biphasic process［J］. Synthetic Metals，1999，101（1−3）：647−648.

［5］Huang G W，Wu K Y，Hua M Y，et al. Structures and properties of the soluble polyanilines，*N*-alkylated emeraldine bases[J]. Synthetic Metals,1998,92(1): 39-46.

[6] Cao Y, Smith P, Heeger A J. Counter-ion induced processibility of conducting polyaniline [J]. Synthetic Metals,1993,57(1): 3514-3519.

[7] Levon K, Ho K H, Zheng W Y, et al. Thermal doping of polyaniline with dodecylbenzene sulfonic acid without auxiliary solvents[J]. Polymer,1995,36(14): 2733-2738.

[8] Cao Y, Smith P, Heeger A J. Counter-ion induced processibility of conducting polyaniline and of conducting polyblends of polyaniline in bulk polymers [J]. Synthetic Metals,1992,48(1): 91-97.

[9] Osterholm J E, Cao Y, Klavetter F, et al. Emulsion polymerization of aniline[J]. Synthetic Metals,1993,55(2-3): 1034-1039.

[10] Ayad M M, Salahuddin N, Sheneshin M A. Optimum reaction conductions for in situ polyaniline films [J]. Synthetic Metals,2003,132(2): 185-190.

[11] Ayad M M,Shenasin M A. Polyaniline film deposition from the oxidative polymerization of aniline using $K_2Cr_2O_7$ [J]. European Polymer Journal,2004,40(1): 197-202.

[12] Sun Z C, Geng Y H, Li J, et al. Catalytic oxidization polymerization of aniline in an $H_2O_2-Fe^{2+}$ system[J]. Journal of Applied Polymer Science,1999,72(8): 1077-1084.

[13] Martyak N M, McAndrew P, McCaskie J E, et al. Electrochemical polymerization of aniline from an oxalic acid medium[J]. Progress in Organic Coatings, 2002, 45(1): 23-32.

[14] Kanungo M, Kumar A, Contractor A Q. Studies on electropolymerization of aniline in the presence of sodium dodecyl sulfate and its application in sensing urea [J].

Journal of Electroanalytical Chemistry, 2002, 528 (1): 46-56.

[15] Mu S L, Chen C X, Wang J M. The kinetic behavior for the electrochemical polymerization of aniline in aqueous solution [J]. Synthetic Metals, 1997, 88(3): 249-254.

[16] Kinlen P J, Ding L Y, Graham C R, et al. Emulsion polymerization process for organically soluble and electrically conducting polyaniline [J]. Macromolecules, 1998, 31(6): 1735-1744.

[17] Yan F, Xue G. Synthesis and characterization of electrically conducting polyaniline in water-oil microemulsion [J]. Journal of Materials Chemistry, 1999, 9(12): 3035-3039.

[18] Osterholm J E, Cao Y, Klavetter F, et al. Emulsion polymerization of aniline[J]. Polymer, 1994, 35(13): 2902-2906.

[19] Han M G, Cho S K, Oh S G, et al. Preparation and characterization of polyaniline nanoparticles synthesized from DBSA micellar solution [J]. Synthetic Metals, 2002, 126 (1): 53-60.

[20] Wan M X, Li J C, Li S Z. Microtubules of polyaniline as new microwave absorbent materials [J]. Polymer for Advance Technologies, 2001, 12(11-12): 651-657.

[21] Haba Y, Segal E, Narkis M, et al. Polymerization of aniline in the presence of DBSA in an aqueous dispersion [J]. Synthetic Metals, 1999, 106(1): 59-66.

[22] Kim B J, Oh S G, Han M G, et al. Synthesis and characterization of polyaniline nanoparticles in SDS micellar solutions[J]. Synthetic Metals, 2001, 122(2): 297-304.

[23] 戴李宗, 许一婷, 邹友思, 等. 2,5-二甲氧基苯胺的乳液聚合及聚合物结构表征[J]. 应用化学, 2001, 18 (4):

272-275.

［24］戴李宗,许一婷,邹友思,等. 间氯苯胺的乳液聚合及聚合物链结构表征［J］. 高等学校化学学报,2002,23(3): 514-514.

［25］Li X G,Zhou H J,Huang M R. Synthesis and properties of processible oxidative copolymers from *N*-ethylaniline with aniline［J］. Journal of polymer science, Part A: Polymer Chemistry,2004,42(23): 6109-6124.

［26］Li X G, Duan W, Huang M R, et al. A soluble ladder copolymer from *m*-phenylenediamine and ethoxyaniline［J］. Polymer,2003,44(19): 5579-5595.

［27］Li X G, Huang M R, Wang L X, et al. Synthesis and characterization of pyrrole and *m*-toluidine copolymers［J］. Synthetic Metals,2001,123(3): 435-441.

［28］Li X G, Duan W, Huang M R, et al. Preparation and solubility of a partial ladder copolymer from *p*-phenylenediamine and *o*-phenetidine［J］. Polymer,2003,44 (20): 6273-6285.

［29］Li X G, Duan W, Huang M R, et al. Preparation and characterization of soluble terpolymers from *m*-phenylenediamine, *o*-anisidine, and 2, 3-xylidine［J］. Journal of polymer science, Part A: Polymer Chemistry, 2001,39(22): 3989-4000.

［30］封伟,韦玮,吴洪才. 聚合方法对聚苯胺导电性能的影响［J］. 功能材料,1999,30(3): 320-322.

［31］Wei W, Focke W W, Wnek G E, et al. Synthesis and electrochemistry of alkyl ring-substituted polyanilines［J］. The Journal of Physical Chemistry,1989,93(1): 495-499.

［32］Albuquerque J E, Mattoso L H C, Balogh D T, et al. A simple method to estimate the oxidation state of polyanilines

[J]. Synthetic Metals,2000,113(1-2): 19-22.

[33] Zheng W Y, Levon K, Loakso J, et al. Characterization and solid-state properties of processable *N*-alkyated polyaniline in the neutral state [J]. Macromolecules, 1994, 27 (26): 7754-7768.

[34] Posokhov Y, Biner H, Icli S. Spectral-luminescent and solvatochromic properties of anticancer drug camptothecin [J]. Journal of Photochemistry and Photobiology A,2003, 158(1): 13-20.

第4章 二苯胺磺酸钠与苯胺的溶液聚合

4.1 概述

烷基或烷氧基取代聚苯胺的溶解性能与聚苯胺相比有较大的改善,能溶解于多种有机溶剂中[1-4],但研究者们还一直在设法寻求水溶性导电聚合物,在聚苯胺的分子链上引入磺酸基是制备水溶性导电聚合物的最有效方法。制备磺酸基取代聚苯胺主要有两种方法:一是对本征态聚苯胺进行后处理,在其苯环或 N 位上引入磺酸基[5-7];二是采用带有磺酸基的苯胺衍生物进行聚合[8-10]。

Yue 采用碱式聚苯胺与发烟硫酸反应得到磺酸基环取代的聚苯胺[7,11,12],其电导率约为 0.1 S·cm^{-1},不溶于酸性水溶液,能溶解于碱性水溶液。Hang 等[13]分别用 1,3-丙基磺内酯和 1,4-丁基磺内酯与聚苯胺反应得到 N-丙基磺酸基聚苯胺和 N-丁基磺酸基聚苯胺。这两种产物具有自掺杂的性能,可溶于水中形成水溶液,但电导率较低,为 10^{-9}~10^{-8} S·cm^{-1}。Chen[14-16]和 Varela 等[17]成功地通过对碱式聚苯胺进行烷基磺化反应,得到了可溶于水的导电聚苯胺——N-丙烷磺酸基聚苯胺以及其钠盐。这两种聚合物均可溶于水中,并可以通过浇铸法制得自支撑膜,但由其钠盐所制备的膜较脆;它们在不经掺杂时的电导率分别为 3×10^{-2} S·cm^{-1}和 1.3×10^{-6} S·cm^{-1}。Koul 等[18]在发烟浓硫酸中对全还原态聚苯胺进行磺化,制备出磺化聚苯胺,其在 0.1~0.2 mol/L NaOH 溶液中形成的钠盐不仅具有较强的水溶性,而且表现出较高的结晶度。Sahin 等[19,20]在乙腈和无水氟磺酸的体系中用电化学的方法制备了磺酸基取代聚苯胺。随着取代度的不同,产物的电导率范围为 $1.24 \sim 14.6 \ \text{S} \cdot \text{cm}^{-1}$,并能溶于碱性水溶液、DMSO 和 NMP 中;电极上形成的聚合物膜在 $-0.3 \sim 1.9 \ \text{V}$ 的电压范围内能表现出电致变色性能(浅黄色→绿色→深蓝色)。此外,磺酸基取代聚苯胺还可以通过带磺酸基的苯胺衍生物均聚或与苯胺共聚而得[21-24]。DeArmitt 等[9] 合成了二苯胺-4-磺酸均聚物,该产物能溶于水,但不溶于盐酸,室温电导率为 $6 \times 10^{-3} \ \text{S} \cdot \text{cm}^{-1}$。Nguyen 等[8] 研究了二苯胺-4-磺酸与苯胺的共聚反应,得到了一系列不同组成的共聚物,并对这些共聚物的电化学性能、电致变色性能、热性能以及电性能进行了研究。

本章主要研究二苯胺磺酸钠与苯胺的溶液聚合,在酸性介质中合成了一系列水溶性的二苯胺磺酸钠/苯胺共聚物,并系统地讨论单体摩尔比、氧化剂用量及种类、酸介质的种类和聚合温度等因素对共聚物产率、特性黏数、溶解性能和电导率的影响;采用红外光谱、紫外可见光谱、元素分析、热重分析等方法对聚合物的结构进行表征。此外,首次采用简便的溶液聚合法得到导电纳米颗粒,并用粒度分析、原子力显微镜和透射电子显微镜对聚合物颗粒进行了表征。

4.2 实验部分

4.2.1 主要试剂

实验所用二苯胺磺酸钠(SDP)购自上海远航试剂厂,化学纯;其他化学试剂如表 2.1 所示。

4.2.2 仪器和测试

(1)热重分析(TGA)

采用 Perkin Elmer Pyris 1 TGA 热重分析仪进行测试,升温速度 10 ℃/min,温度范围 25~700 ℃,分别以空气和氮气为测试环境。

(2)原子力显微镜(AFM)分析

将聚合物反应原液滴在干净的载玻片上,自然烘干后采用

SDP-300HV 原子力显微镜观察聚合物颗粒的形貌。

（3）透射电子显微镜表征

将聚合物颗粒分散于乙醇中，取少量的溶液滴在铜网上，待样品干燥后放置于样品架上，用 Hitachi Model H800 透射电子显微镜进行拍照。

聚合物的其他测试同 2.2.2 节。

4.2.3　共聚物的合成

将二苯胺磺酸钠与苯胺按照一定的摩尔比溶解于 80 mL 反应介质中（如 1.0 mol/L 盐酸），然后将反应瓶放入水浴槽中，当水温达到所设定的反应温度后，在 30 min 内滴入 20 mL 的氧化剂溶液［如（NH$_4$）$_2$S$_2$O$_8$ 的盐酸溶液］，用精密温度计记录聚合过程中反应体系的温度变化，并用高阻抗计（PHS-2C 型数显酸度计）记录聚合过程中反应体系的电位（铂电极为工作电极，饱和甘汞电极为参比电极）。在恒定的反应温度下反应 16 h，经过滤得到沉淀物，然后分别用 1.0 mol/L 盐酸和大量的蒸馏水洗涤滤饼，至滤液无色并用 1.0 mol/L BaCl$_2$ 溶液检查滤液中的硫酸根离子是否完全洗掉。用 0.2 mol/L NH$_4$OH 对产物进行去掺杂，24 h 后过滤，再用大量的蒸馏水洗涤至中性，所得的产物放置于红外灯下烘干。当二苯胺磺酸钠（SDP）投料比高于 70% 时，聚合产物不能通过过滤的方法得到，只能在反应液中加入丙酮作沉淀剂，然后通过离心分离的方法得到产物。二苯胺磺酸钠与苯胺的共聚反应可表示如下：

4.3 结果与讨论

4.3.1 二苯胺磺酸钠与苯胺的共聚

SDP/AN(20/80)聚合体系的电位和温度与聚合时间的关系如图 4.1 所示。随着氧化剂(NH_4)$_2S_2O_8$的加入,体系的电位在几分钟内迅速从 346 mV 增大到 630 mV,然后再缓慢地增大至最大值 788 mV,然后迅速下降,最后达到一个稳定值[25]。体系的温度也有相似的变化规律,开始滴加氧化剂时,体系的温度几乎不变,随着氧化剂的不断加入,体系的温度缓慢上升,在体系电位达到最大值之后体系温度也达到最大值,然后迅速下降,直至与水浴温度相近。放热峰的出现表明共聚反应是放热反应,且聚合过程中会出现自动加速现象。不同单体配比的 SDP/AN 聚合体系的电位变化如图 4.2 所示。它们的变化与 SDP/AN(20/80)相似,聚合电位在时间 t_A 上升到最大值 V_{max},然后至时间 t_B 快速下降至 550 mV,最后降低到一个电位平台。不同单体配比下的 t_A、V_{max} 和 t_B 列于表 4.1 中。从表中的数据可以看出,随着 SDP 含量的增大,V_{in} 和 V_{max} 呈下降的趋势,而 t_A 和 t_B 则有增大的趋势,这表明随着 SDP 含量的增加,聚合体系中的聚合速率逐渐下降。由于苯磺酸基团的体积较大,SDP 单体的氧化电位与苯胺相比有一定的下降,同时还存在较大的空间位阻效应。因此,随着 SDP 含量的增大,共聚体系的聚合速率呈下降的趋势。在图 4.2 中,SDP/AN(0/100)聚合体系的电位-时间曲线与其他的曲线不同,这与 2.3.1 节中的情况相似,在此不再重复说明。此外,SDP 均聚体系的电位变化也与其他体系不同,该体系的电位随着氧化剂的加入迅速上升后,一直保持较高的数值,虽然在聚合后期有一定的下降,但下降的速度很慢。这可能是由于 SDP 分子中存在苯磺酸基团,使 SDP 阳离子自由基具有较高的稳定性,在聚合体系中的寿命较长,同时由于苯磺酸基团的存在,使 SDP 的空间位阻效应增大,聚合速率减慢。

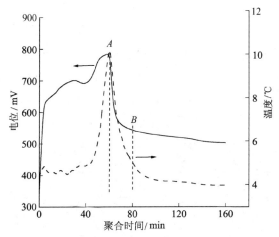

图 4.1　**SDP/AN(20/80)聚合体系的电位和温度与聚合时间的关系**

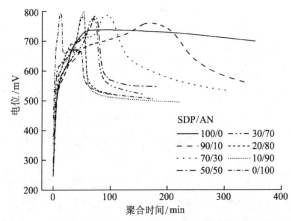

图 4.2　**不同单体配比的 SDP/AN 聚合体系的电位-时间曲线**

表 4.1　不同单体配比下聚合体系的相关数据

SDP/AN	$V_{in}/$ mV	$V_{max}/$ mV	$t_A/$ min	$t_B/$ min	产率/ %	$[\eta]/$ (dL/g)
0/100	441	794	13	53	81.8	1.12
10/90	351	801	53	61	55.0	0.83
20/80	346	788	58	66	51.2	0.78

续表

SDP/AN	$V_{in}/$ mV	$V_{max}/$ mV	$t_A/$ min	$t_B/$ min	产率/ %	$[\eta]/$ (dL/g)
30/70	380	774	68	100	45.2	0.82
50/50	345	784	72	140	31.8	0.44
70/30	305	786	90	252	27.3	0.43
90/10	294	760	165	>335	19.0	0.27
100/0	264	738	72	>353	11.3	$1\ 500(M_w)^*$

注：V_{in} 为初始开路电位，V_{max} 为最大开路电位，t_A 为达到最大开路电位的时间，t_B 为达到 B 点（$V_B = 550$ mV）的时间。* 表示该样品的摩尔质量是通过 GPC 测试出来的。

4.3.2 聚合条件对共聚反应的影响

4.3.2.1 单体摩尔比的影响

二苯胺磺酸钠是苯胺的衍生物，即苯胺胺基上的一个氢原子被苯磺酸基所取代。从空间位阻效应分析，由于苯磺酸基的尺寸远大于氢原子，使聚合反应中的链增长受阻，聚合物的摩尔质量下降；从电子效应来看，由于苯磺酸根离子是推电子基团，因此 N 位上的电子云密度增大，这有利于阳离子自由基的形成。这两方面的综合作用可能使二苯胺磺酸钠的氧化电位低于苯胺。

图 4.3 是利用不同摩尔比的单体所得聚合物的聚合产率、特性黏数。随着聚合体系中 SDP 含量的增大，所得聚合物的产率和特性黏数都呈逐渐减小的趋势。这表明两种单体发生了共聚，这种结果与文献中的结果相似[8]。当 AN 均聚时，得到的聚合物具有较高的聚合产率和较大的特性黏数，这是因为苯胺具有较高的反应活性；而 SDP 均聚时的聚合产率较低，这主要是由以下两方面的原因造成的。一是二苯胺磺酸钠在聚合体系中具有较大的空间位阻，使得聚合过程中的链增长反应受阻，链终止反应速率增大，导致聚合物的摩尔质量降低，这从聚合产物的凝胶渗透色谱（GPC）结果也能得到证实；二是由于 SDP 单体中

磺酸基的存在,使得聚合物的亲水性增大,得到的聚合物能够溶解于反应介质中。值得提出的是,SDP 均聚产物在反应介质中不能直接通过过滤得到,它能完全溶解于盐酸介质中,只有用丙酮作为沉淀剂才能将聚合物从反应介质中沉淀出来。当 SDP 含量较低时,能够得到产率较高且特性黏数较大的聚合物,这主要是因为苯磺酸基的空间位阻效应和亲水效应对聚合过程的影响较小,所以当 SDP 含量低于 30%时,共聚物的产率和特性黏数下降不明显;而当 SDP 的含量较大时,这两方面的影响就非常显著,当 SDP 含量超过 50%时,聚合产率和特性黏数明显下降,SDP 均聚产物的产率只有 11.3%。同时,不同单体摩尔比的聚合产物的溶解性能(表 4.2)也有较大的变化。当 SDP 含量低于 50%时,所得的聚合产物在有机溶剂中的溶解性能没有太大的变化,能够完全溶于浓硫酸、甲酸和 NMP,大部分溶解于 DMSO 和 DMF,小部分溶解于 THF,完全不溶于水和氨水;SDP/AN(50/50)共聚物能小部分溶解于氨水中,当 SDP 含量继续增大时,聚合物的溶解性能则有较大的变化,SDP/AN(70/30)共聚物能够小部分溶解于水,大部分溶解于氨水;SDP/AN(90/10)

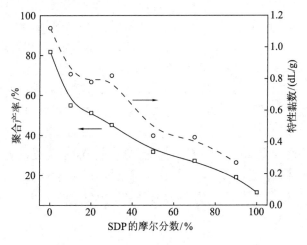

图 4.3　利用不同摩尔比的单体所得聚合物的聚合产率、特性黏数

共聚物能够大部分溶解于水,完全溶解于氨水;SDP 均聚物则能够完全溶解于水和氨水。这些聚合物溶解性能的差别与分子链中的 SDP 含量不同有关,这也表明两种单体进行了共聚反应。

4.3.2.2 氧化剂种类的影响

在 SDP 与 AN 的聚合体系中,选用了 $K_2Cr_2O_7$、$H_2O_2/FeCl_2$(摩尔比为 500:1)及 $(NH_4)_2S_2O_8$ 作氧化剂。当 $K_2Cr_2O_7$ 作氧化剂时,没有得到聚合产物,但聚合过程中体系溶液的颜色由开始的浅黄色变为深棕色,这表明体系中的单体发生了氧化反应,可能是由于 $K_2Cr_2O_7$ 的还原电位较低(1.33 V),SDP 的空间位阻较大,只能得到溶于盐酸溶液的低聚物。而以 $H_2O_2/FeCl_2$(摩尔比为 500:1)为氧化剂时[26],所得聚合物的产率和特性黏数都较低(18.6% 和 0.24 dL/g),这是由于 H_2O_2 的还原电位(1.88 V)较低,氧化能力较弱,导致聚合体系中只能生成一些摩尔质量较小的低聚物,这些聚合物在过滤和洗涤过程会有部分损失,因此聚合产率低。$(NH_4)_2S_2O_8$ 作氧化剂能够得到较高聚合产率(24.5%)且特性黏数较大(0.52 dL/g)的聚合物。这是由于 $(NH_4)_2S_2O_8$ 具有足够高的还原电位(2.01 V),单体在聚合体系中具有较大的聚合速度,可得到较大摩尔质量的聚合产物,并且 $(NH_4)_2S_2O_8$ 的还原产物对聚合产物没有影响,所以 $(NH_4)_2S_2O_8$ 也是二苯胺磺酸钠与苯胺共聚的最佳氧化剂。

4.3.2.3 氧化剂与单体摩尔比的影响

氧化剂用量与 SDP/AN(50/50)聚合体系的聚合产率和特性黏数的关系如图 4.4 所示。随着氧化剂用量的增加,聚合物产率逐渐增加,氧化剂与单体摩尔比大于 1.0 后,聚合产率的增大趋势逐渐变缓;而特性黏数的变化则与之不同,先是随着氧化剂与单体摩尔比的增大而增大,当氧化剂与单体摩尔比等于 1.0 时,特性黏数达到最大值,然后随着氧化剂与单体摩尔比的增大呈下降的趋势。

表 4.2 不同单体摩尔比的 SDP/AN 共聚物的组成、电导率和溶解性能

SDP/AN		电导率/(S·cm⁻¹)		溶解性能及溶液颜色							
投料比	计算的比例ᵃ	去掺杂态	掺杂态	甲酸	浓硫酸	NMP	DMSO	DMF	THF	H_2O	NH_4OH
0/100	0/100	7.08×10^{-8}	2.37×10^{-1}	S (g)	S (b)	S (bl)	MS (bl)	MS (bl)	PS (bl)	IS	IS
10/90	16/84	5.55×10^{-7}	1.23×10^{-1}	S (g)	S (b)	S (bl)	MS (bl)	MS (bl)	PS (bl)	IS	IS
20/80	21/79	2.04×10^{-6}	8.49×10^{-2}	S (g)	S (b)	S (bl)	MS (bl)	MS (bl)	PS (bl)	IS	IS
30/70	28/72	8.52×10^{-6}	6.72×10^{-2}	S (g)	S (b)	S (bl)	MS (bl)	MS (bl)	PS (bl)	IS	IS
50/50	—	3.52×10^{-5}	5.86×10^{-2}	S (g)	S (b)	S (bl)	MS (bl)	MS (bl)	PS (bl)	IS	PS (r)
70/30	54/46	—	2.41×10^{-2}	S (g)	S (b)	S (bl)	MS (bl)	MS (bl)	IS	PS (r)	MS (b)
90/10	—	—	4.98×10^{-3}	S (g)	S (b)	S (bl)	MS (y)	MS (y)	IS	MS (r)	S (b)
100/0	100/0	—	6.0×10^{-4}	S (b)	MS (b)	MS (b)	MS (b)	MS (b)	IS	S (b)	S (b)

注:S 表示溶解,MS 表示大部分溶解,PS 表示部分溶解,IS 表示不溶解;b 代表紫色,bl 代表蓝色,g 代表绿色,r 代表红色,y 代表黄色。a 表示通过元素分析计算出的 SDP 与 AN 摩尔比。

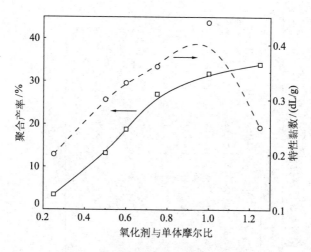

**图 4.4　氧化剂用量与 SDP/AN(50/50)
聚合体系的聚合产率和特性黏数的关系**

　　分析其原因主要有以下几方面:第一,氧化剂含量较低时,
氧化剂消耗迅速,无法满足持续氧化的需要,导致进一步聚合受
阻,因而只能获得聚合产率和特性黏数较低的共聚物。随着氧
化剂用量的增加,单体甚至分子链均能被持续氧化形成阳离子
自由基,有利于链增长反应,产率大幅上升,同时分子链增长,特
性黏数增大。氧化剂用量较大时可能会使聚合反应过程中的副
反应加快,得到大量摩尔质量较小的聚合物。第二,聚合过程中
的水解反应也对聚合物的摩尔质量和产率产生影响,当氧化剂
用量较小时,所得聚合物的摩尔质量较低,同时它们多以还原态
存在于聚合体系中,此时水解反应不明显,对摩尔质量和聚合产
率的影响不大。当氧化剂用量较大时,特别是氧化剂与单体摩
尔比大于 1.0 时,聚合产物中的氧化态形式较多,这时水解反应
较容易发生,部分较大摩尔质量的聚合物被水解成摩尔质量较
小的聚合物,从而使聚合物的摩尔质量下降得较多,但对产率的
影响不大。第三,SDP 中苯磺酸基的存在也会对聚合反应有一
定的影响,苯磺酸基的推电子效应有利于阳离子自由基的形成,

并使生成的阳离子自由基在聚合体系中具有较高的稳定性;但苯磺酸基的存在使聚合过程中的空间位阻效应增大,阻碍了链增长反应的进行。这两方面的作用在不同的聚合条件下是不同的。在氧化剂用量较少时,推电子效应起主要作用,有利于链增长反应进行;当氧化剂用量较大时,苯磺酸基更易被氧化,空间位阻效应起主要作用,使聚合物的摩尔质量下降。这几方面因素的综合作用,使氧化剂与单体摩尔比为 1.0 时所得到的聚合物具有较大摩尔质量和较高聚合产率。

4.3.2.4　聚合温度的影响

聚合温度与 SDP/AN(50/50)共聚物的特性黏数和聚合产率的关系如图 4.5 所示。随着聚合温度的升高,聚合物的特性黏数逐渐下降。在低温下(2~5 ℃)能得到摩尔质量较大的聚合物,其特性黏数可达 0.52 dL/g,当温度升高到 15 ℃时,产物的特性黏数迅速下降为 0.36 dL/g,而温度再升高时,产物的特性黏数逐渐下降,当温度达到 40 ℃时,产物的特性黏数只有 0.30 dL/g。而聚合产率随聚合温度的升高先是在 15 ℃时出现一个极值,然后逐渐下降。在低温下,聚合物具有较大的特性黏数和较低的聚合产率,这是由于聚合温度较低时,氧化剂的分解速度较慢,导致链增长反应和链终止反应速度较低。而在较高的聚合温度下,氧化剂的分解速度加快,链增长反应和链终止反应速度加快,同时水解反应也加快,这几方面的作用使聚合产率和特性黏数都下降。另外,在较高的聚合温度下,盐酸挥发较多使聚合体系中的酸度下降,这不利于聚合反应的进行。在 15 ℃时出现最大的聚合产率可能是由于此时聚合体系中的单体反应活性有较大的提高,而水解反应速率较慢。这种现象在 N-乙基苯胺与苯胺体系、对苯二胺和邻乙氧基苯胺体系中同样出现过[27,28]。由此可见,2~15 ℃的聚合温度有利于得到产率较高且特性黏数较大的 SDP/AN 共聚物。

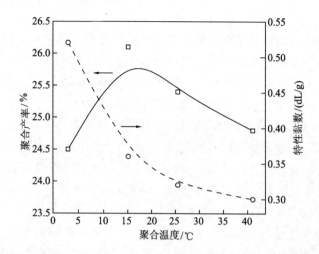

图 4.5　聚合温度与 SDP/AN(50/50)共聚物的特性黏数和聚合产率的关系

4.3.2.5　酸介质种类的影响

表 4.3 列出了采用不同酸介质制备的 SDP/AN(50/50)共聚物的聚合产率、特性黏数、电导率以及它们在溶剂中的溶解性能。在不同酸介质中所得聚合物的产率和特性黏数有较大的差别。在 H_2SO_4 聚合体系中聚合物的聚合产率最低(23.2%),特性黏数较大(0.45 dL/g);在 HNO_3 中能得到中等聚合产率,但特性黏数最低;在冰乙酸聚合体系中,聚合物具有中等聚合产率和特性黏数;在 H_3PO_4 聚合体系中,可以得到最高的聚合产率,并且聚合物摩尔质量较冰乙酸聚合体系有较大的提高;在 HCl 聚合体系中,虽然聚合产率较低,但所得聚合物的摩尔质量最大。造成聚合物具有不同性能的原因可能是不同的酸介质中具有不同的阴离子。不同的阴离子与单体形成不同的单体盐,并且这些阴离子的空间位阻和电荷的大小也会影响聚合过程的进行,进而影响聚合物的结构。此外,阴离子对掺杂态聚合物的性能有影响,体积较小的阴离子(如 Cl^-)常导致聚合物颗粒致密而坚硬,而体积较大的阴离子(如 $H_2PO_4^-$)常导致聚合物颗粒较疏松。综上可知,HCl 是本聚合体系中的最佳反应酸介质。

表 4.3　采用不同酸介质制备的 SDP/AN(50/50) 共聚物的产率、特性黏数、电导率和溶解性能

酸介质	产率/%	$[\eta]$/(dL/g)	电导率/(S·cm^{-1})		溶解性能及溶液颜色					
			去掺杂态	掺杂态	甲酸	浓硫酸	NMP	DMF	DMSO	THF
H$_2$SO$_4$	23.2	0.45	7.41×10^{-6}	3.64×10^{-2}	S (g)	S (b)	S (bl)	MS (bl)	MS (bl)	IS
HCl	24.5	0.52	3.52×10^{-5}	5.86×10^{-2}	S (g)	S (b)	S (bl)	MS (bl)	MS (bl)	PS (bl)
H$_3$PO$_4$	30.5	0.46	5.68×10^{-6}	8.23×10^{-2}	S (g)	S (b)	S (bl)	MS (bl)	PS (bl)	IS
CH$_3$COOH	28.0	0.35	2.48×10^{-6}	4.30×10^{-3}	S (g)	S (b)	S (bl)	MS (bl)	PS (bl)	IS
HNO$_3$	30.3	0.26	8.74×10^{-6}	9.87×10^{-3}	S (g)	S (b)	S (bl)	MS (bl)	PS (bl)	IS

注：S 表示完全溶解，MS 表示大部分溶解，PS 表示部分溶解，IS 表示不溶解；b 代表紫色，bl 代表蓝色，g 代表绿色。

4.3.3　聚合物的结构表征

4.3.3.1　红外光谱

图 4.6 是不同单体摩尔比的 SDP/AN 共聚物的红外光谱图。在 3 259~3 482 cm^{-1} 范围的宽吸收峰是—NH—伸缩振动的特征吸收,该吸收峰随二苯胺磺酸钠含量从 0 到 90% 变得越来越强、越来越宽,而二苯胺磺酸钠均聚物在 3 200~3 121 cm^{-1} 范围又出现了一个吸收峰,这是由于磺酸基的存在而引起的氢键的吸收峰[29]。在 1 600~620 cm^{-1} 范围的吸收峰随着两种共聚单体配比的不同而呈现出不同的谱图,这也表明两种单体进行了共聚。在 1 570~1 597 cm^{-1} 和 1 480~1 502 cm^{-1} 范围的两个强吸收峰分别对应聚合物分子链中的醌式(C=C)和苯式(C—C)的骨架振动[30,31],且随着 SDP 含量的增加,1 480~1 502 cm^{-1} 范围吸收峰的强度逐渐增强,这表明共聚物分子链中的苯式结构增多,分子链的氧化程度降低,共轭长度缩短。在 1 300~1 310 cm^{-1} 和 1 225~1 248 cm^{-1} 范围的吸收峰分别对应醌式和苯式结构中的 C—N 伸缩振动,且随着 SDP 含量的增加,1 225~1 248 cm^{-1} 处吸收峰的强度逐渐增强,这也表明苯式含量随着 SDP 含量的增加而增多,二苯胺磺酸钠均聚物在此处的吸收出现一个大而宽的强峰。在 1 125~1 148 cm^{-1} 和 1 008~1 033 cm^{-1} 范围的吸收峰分别对应磺酸基上 S=O 的非对称和对称伸缩振动,697~717 cm^{-1} 范围的吸收峰对应 C—S 的伸缩振动,而 614~645 cm^{-1} 范围的吸收峰对应磺酸基上 S—O 的伸缩振动,这些吸收峰的出现再一次证明了聚合物分子链中磺酸基的存在[8,15]。特别是 1 008~1 033 cm^{-1} 处的吸收峰只出现在 SDP/AN 共聚物的红外谱图中,而在聚苯胺中没有出现。832~801 cm^{-1} 范围的吸收峰对应 1,4-二取代苯环的 C—H 面外弯曲振动,表明 SDP/AN 共聚物主要是链式结构,苯环上的取代反应几乎没有发生。谱图中特征峰有规律的变化是 SDP 和 AN 共聚效应造成的,也表明了 SDP/AN 共聚物的形成。

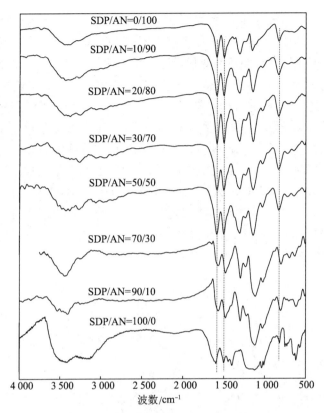

聚合条件:聚合温度 2~5 ℃,氧化剂/单体 = 1/1,

氧化剂:(NH₄)₂S₂O₈,聚合时间:16 h,酸介质:1.0 mol/L HCl。

图 4.6　SDP/AN 共聚物的红外光谱图

4.3.3.2　紫外可见光谱

图 4.7 为不同单体摩尔比的 SDP/AN 共聚物在 NMP 中的紫外可见光谱图。从图中可以看出,本征态 SDP/AN 共聚物在 NMP 中有两个吸收峰:313~327 nm 范围的吸收峰由 π-π* 跃迁引发;550~630 nm 范围的吸收峰由双极子跃迁(n-π*)引发。双极子跃迁可以反映分子链构型的变化,这个峰的位置可以用来定性地判断共聚物分子链共轭长度的长短[32]。在图 4.7 中,

对于不同组成的共聚物,313~327 nm 范围的吸收峰的吸光度没有明显的变化规律,峰的位置基本不变;而 550~630 nm 范围的吸收峰则表现出明显的变化规律。对于 SDP 的均聚物,该峰的强度极弱,表现为一肩峰;而随着 SDP 含量的减少,该吸收峰的强度逐渐增强,并且向高波长方向红移,这是由于 SDP 含量的降低有利于分子链中醌式结构的形成,从而使共聚物分子链的共轭长度增长[11]。此外,可以通过比较两吸收峰的积分面积大小来判断分子链中苯式结构和醌式结构的比例[33]。随着 SDP 含量从 0 增到 100%,313~327 nm 范围的吸收峰的面积与 550~630 nm 范围的吸收峰的面积之比从 0.54 增大至5.37,这表明随着 SDP 含量的增加,共聚物中的醌式含量下降,分子链的共轭长度缩短,这与红外光谱中的现象一致。

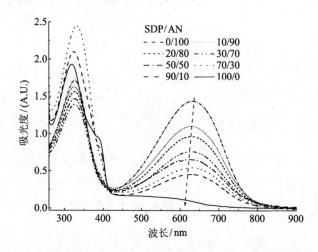

图 4.7   不同单体摩尔比的 SDP/AN 共聚物在 NMP 中的紫外可见光谱图

4.3.3.3   聚合物颗粒的粒径

表 4.4 是不同氧化剂与单体摩尔比时 SDP/AN(50/50)聚合物颗粒在掺杂态和去掺杂态时的粒径变化情况。从表中的粒径变化可以看出,氧化剂用量较多时,所得聚合物的粒径较大,而氧化剂用量较少时,则能得到纳米级的导电聚合物颗粒。当

氧化剂与单体摩尔比大于等于 3/5 时,聚合物颗粒都为微米级,
当氧化剂与单体摩尔比为 1/2 和 1/4 时,聚合物的颗粒突然变
小,成为纳米颗粒。去掺杂态聚合物的粒径小于掺杂态聚合物
的粒径,这可能是由于外掺杂剂 HCl 去除后,使颗粒的尺寸变
小。聚合物颗粒的粒径变化可能与其摩尔质量的大小有一定的
关系,但笔者认为聚合物颗粒的大小主要是由聚合物分子链之
间的聚集作用决定的。一般认为分子链间的聚集作用与搅拌速
度、体系中聚合物的浓度、溶剂与聚合物之间的作用力、聚合物
分子链间的作用力、聚合时间及聚合温度等因素有关。在 SDP/
AN 共聚物中,苯磺酸基可以起到稳定剂的作用,能够阻止聚合
物颗粒之间的聚集。当氧化剂与单体摩尔比较小时,体系中得
到的聚合物的浓度相对较低,同时由于氧化剂用量较少,所得聚
合物中 SDP 的含量相对较高,使得聚合物分子链间的相互作用
力较小,分子之间的聚集作用也相应地较弱,因而得到的聚合物
的粒径就较小,可以达到纳米级的范围。当氧化剂与单体摩尔
比增大时,体系中聚合物的浓度增大,聚合物分子链之间聚集的
概率增大,同时氧化剂用量增加,所得聚合物中 SDP 的含量相
对较低,这也有利于分子链聚集体的形成,故聚合物的粒径呈增
大的趋势。

表 4.4　不同氧化剂与单体摩尔比时 SDP/AN(50/50)聚合物颗粒的粒径

氧化剂与单体摩尔比	掺杂态		去掺杂态(0.2 mol/L NH₄OH)	
	平均值/nm	中间值/nm	平均值/nm	中间值/nm
5/4	3 495	3 023	2 746	2 315
1/1	6 143	5 456	4 038	3 623
3/4	7 819	7 127	5 496	4 829
3/5	5 887	5 454	4 131	3 685
1/2	93	82	91	80
1/4	168	158	92	81

从表 4.4 中的数据可以看出,氧化剂与单体摩尔比为 1/2 时得到的聚合物颗粒在掺杂态和去掺杂态都是纳米级颗粒,因此,采用原子力显微镜(AFM)和透射电子显微镜(TEM)对其进行表征。图 4.8 和图 4.9 分别是掺杂态和去掺杂态 SDP/AN (50/50)共聚物的 AFM 照片。从这两张照片上可以清楚地看出,聚合物的颗粒都为椭球形,大小比较均一。在图 4.8 中标出了一个比较清楚且孤立的纳米颗粒,其长轴和短轴分别为 72 nm 和 52 nm;在图 4.9 中标出了一个长轴和短轴分别为 62 nm 和 44 nm 的椭球形纳米颗粒。用透射电子显微镜观察到的掺杂态聚合物颗粒也是椭球形,且其长轴和短轴分别为45~55 nm 和 30~35 nm。原子力显微镜和透射电子显微镜测得的粒径都小于粒度分析仪所得的结果,这主要是因为粒度分析法是在溶液中测量粒径,此时颗粒处于"膨胀"状态,测得的结果可能偏大,而 AFM 和 TEM 测试是在干燥状态下进行的,颗粒内部的水分大部分被排出,颗粒处于收缩状态,特别是 TEM 测试时,高真空操作使颗粒的收缩程度更大,这可能是 TEM 的结果小于 AFM 的一个主要原因。

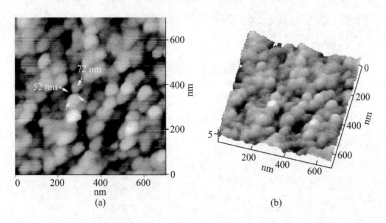

图 4.8 掺杂态 SDP/AN(50/50)共聚物的 AFM 照片

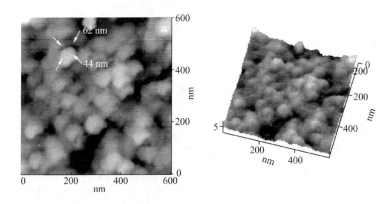

图 4.9　去掺杂态 SDP/AN(50/50)共聚物的 AFM 照片

4.3.4　聚合物的性能

4.3.4.1　溶解性能

在第 2 章和第 3 章中,讨论了溶液聚合法和乳液聚合法所得的 *N*-乙基苯胺与苯胺共聚物的溶解性能。研究表明,其溶解性能与共聚物的组成有着密切的关系。因此,SDP 的引入会对 SDP/AN 共聚物的溶解性能产生一定的影响。

表 4.2 列出了不同单体摩尔比的 SDP/AN 共聚物在不同的溶剂中的溶解性能。SDP/AN 共聚物能完全溶解于甲酸、浓硫酸和 NMP 中,大部分溶解于 DMSO 和 DMF 中,而 SDP 均聚物只能完全溶解于甲酸中,大部分溶解于浓硫酸、NMP、DMSO 和DMF 中。SDP 含量低于 70%的共聚物,能在 THF 中部分溶解,完全不溶于水和氨水;而 SDP 含量高于 70%的共聚物不溶解于THF,但能部分溶解于水和氨水,并且随着 SDP 含量的增大,溶解性能提高。SDP/AN(90/10)共聚物在水中大部分溶解,能完全溶于氨水;SDP/AN(100/0)共聚物能完全溶解于水和氨水中。由此可见,随着 SDP 含量的增大,SDP/AN 共聚物在 THF中的溶解性能有所下降,但在水和氨水中的溶解性能却显著地改善,这是因为引入了亲水性的苯磺酸基,苯磺酸基的存在使聚

合物分子链与有机溶剂分子间的氢键作用减弱,而亲水性能增强。同时,SDP/AN 共聚物在这些溶剂中溶解性能的变化也表明,SDP/AN 共聚物的溶解性能与其分子链的结构和组成有关,而特性黏数的大小对溶解性能的影响不大。因此,改变 SDP 与 AN 的摩尔比可以得到水溶性的导电聚合物。

表 4.3 列出了在不同的酸介质中合成的 SDP/AN(50/50)共聚物的溶解性能。这些共聚物具有相似的溶解性能,都能完全溶解于甲酸、浓硫酸和 NMP,大部分溶解于 DMF,在 DMSO 和 THF 中的溶解性能有所不同。在盐酸中制备出的 SDP/AN(50/50)共聚物的特性黏数最大,能大部分溶解于 DMSO,部分溶于 THF;在 H_3PO_4、CH_3COOH、HNO_3 中得到的共聚物只能部分溶解于 DMSO,不溶于 THF,这也表明盐酸是 SDP 与 AN 共聚的最佳反应酸介质。

不同的氧化剂与单体摩尔比对共聚物溶解性能的影响列于表 4.5 中。这些共聚物在浓硫酸、NMP 和 THF 中的溶解性能是相似的,在浓硫酸和 NMP 中完全溶解,部分溶解于 THF。随着氧化剂用量的减少,SDP/AN(50/50)共聚物在甲酸、DMF 和 DMSO 中的溶解性能逐渐变差,而在水和氨水中的溶解性逐渐变好。这表明随着氧化剂用量的改变,所得到的聚合物的结构和组成都会改变,并且可以推测出,随着氧化剂用量的降低,所得到的共聚物中 SDP 含量会增大。在不同的聚合温度下所得到的共聚物具有不同的溶解性能(表 4.6)。这些 SDP/AN(50/50)共聚物能完全溶解于浓硫酸,大部分溶解于 DMSO 和 DMF,部分溶解于 THF。随着聚合温度的升高,共聚物在甲酸和 NMP 中由完全溶解变为大部分溶解,而在水和氨水中由不溶解变为部分溶解。同样,聚合温度的变化也能影响共聚物的结构和组成,且高温更有利于 SDP 的聚合。

第 4 章　二苯胺磺酸钠与苯胺的溶液聚合

表 4.5　不同的氧化剂与单体摩尔比条件下制备的 SDP/AN(50/50) 共聚物的电导率和溶解性能

氧化剂与单体摩尔比	电导率/(S·cm^{-1})		溶解性能及溶液颜色							
	去掺杂态	掺杂态	浓硫酸	NMP	甲酸	DMF	DMSO	THF	H$_2$O	NH$_4$OH
5/4	3.78×10^{-4}	7.14×10^{-2}	S (b)	S (bl)	S (g)	MS (bl)	MS (bl)	PS (bl)	IS	IS
1/1	3.52×10^{-5}	5.86×10^{2}	S (b)	S (bl)	S (g)	MS (bl)	MS (bl)	PS (bl)	IS	IS
3/4	1.83×10^{-5}	3.21×10^{-2}	S (b)	S (bl)	S (g)	MS (bl)	MS (bl)	PS (bl)	IS	IS
3/5	1.20×10^{-5}	2.98×10^{-2}	S (b)	S (bl)	MS (g)	MS (bl)	PS (bl)	PS (bl)	IS	IS
1/2	8.48×10^{-6}	1.93×10^{-2}	S (b)	S (bl)	MS (g)	MS (bl)	PS (bl)	PS (bl)	IS	PS (b)
1/4	3.86×10^{-6}	1.03×10^{-2}	S (b)	S (bl)	PS (y)	PS (bg)	PS (g)	PS (y)	PS (g)	PS (b)

注：S 表示完全溶解，MS 表示大部分溶解，PS 表示部分溶解，IS 表示不溶解；b 代表棕色，bl 代表蓝色，g 代表绿色，bg 代表蓝绿色；y 代表黄色。

表 4.6 不同的聚合温度下制备的 SDP/AN(50/50) 共聚物的电导率和溶解性能

聚合温度/℃	电导率/(S·cm⁻¹)		溶解性能及溶液颜色							
	去掺杂态	掺杂态	浓硫酸	DMSO	DMF	甲酸	NMP	THF	H$_2$O	NH$_4$OH
2	3.52×10^{-5}	5.86×10^{-2}	S (b)	MS (bl)	MS (bl)	S (g)	S (bl)	PS (bl)	IS	IS
15	2.23×10^{-5}	2.98×10^{-2}	S (b)	MS (bl)	MS (bl)	S (g)	MS (bl)	PS (bl)	IS	IS
25	2.03×10^{-5}	5.03×10^{-3}	S (b)	MS (bl)	MS (bl)	MS (g)	MS (bl)	PS (bl)	IS	PS (b)
40	1.34×10^{-5}	4.22×10^{-3}	S (b)	MS (bl)	MS (bl)	MS (g)	MS (bl)	PS (bl)	PS (y)	PS (y)

注：S 表示溶解，MS 表示大部分溶解，PS 表示部分溶解，IS 表示不溶解；b 代表紫色，bl 代表蓝色，g 代表绿色，y 代表黄色。

4.3.4.2　电性能

表 4.2 列出了不同单体摩尔比的掺杂态和去掺杂态 SDP/AN 共聚物的电导率。随着 SDP 含量的增大，掺杂态共聚物的电导率逐渐降低，聚苯胺的电导率为 $2.37×10^{-1}$ S·cm^{-1}，而 SDP 均聚物的电导率只有 $6.0×10^{-4}$ S·cm^{-1}。电导率的降低是由于 SDP 单体中苯磺酸基的存在使分子链的共平面性降低，聚合物分子链二面角增大，共轭长度缩短。但去掺杂态样品的电导率却表现出相反的变化规律，随着聚合物中 SDP 含量的增加，电导率逐渐增大，从 $7.08×10^{-8}$ S·cm^{-1}（SDP 含量为 0）增大到 $3.52×10^{-5}$ S·cm^{-1}（SDP 含量为 50%），这也是受苯磺酸基影响的结果。虽然去掺杂使掺杂剂的外掺杂作用减弱，但磺酸基的存在可以使共聚物具有自掺杂的性能，并且随着 SDP 含量的增加，其自掺杂能力增强，从而使共聚物的电导率在去掺杂态时逐渐增大[34]。在不同的酸介质中得到的聚合物具有不同的电导率（表 4.3），在盐酸和磷酸中合成的聚合物具有较高的电导率（$5.86×10^{-2}$ S ·cm^{-1} 和 $8.23×10^{-2}$ S·cm^{-1}），这与它们较大的特性黏数相对应，因此这两种酸介质是 SDP 和 AN 共聚比较合适的反应介质。此外，氧化剂用量和聚合温度都对共聚物的电导率有影响，随着氧化剂用量的增加，SDP/AN(50/50)共聚物的电导率逐渐增大（表 4.5）；随着聚合温度的升高，共聚物的电导率却逐渐下降（表 4.6）。

4.3.4.3　热稳定性能

图 4.10 和图 4.11 是不同单体摩尔比的 SDP/AN 共聚物分别在氮气和空气气氛中的热重分析(TG,DTG)微分曲线。表 4.7 列出了这些聚合物分别在氮气和空气中的热分解参数。从热重分析微分曲线来分析，随着温度的升高，聚合物的热分解过程分为四个阶段：第一阶段在 100 ℃以下，主要是聚合物分子链上吸附的水分挥发，这一过程的失重率为 4%～11%；第二阶段为掺杂剂的脱除，在 110～200 ℃范围内，失重率为 2%～5%（前五种聚合物是去掺杂态产物，第二阶段的失重很小，几乎没有失重发生；后三种是掺杂态，出现了一个较明显的失重峰）。第三阶段

发生在 260~350 ℃ 范围内，失重率为 10%~20%。这一阶段主要是磺酸基的分解，随着 SDP 含量的增加，失重峰对应的温度降低，且失重率增大[35,36]。第四阶段是聚合物主链的分解，发生在 400 ℃ 以上。这些聚合物在氮气中各阶段的失重温度要比在空气中高，这主要是因为聚合物在空气中会被氧气氧化更易被分解。

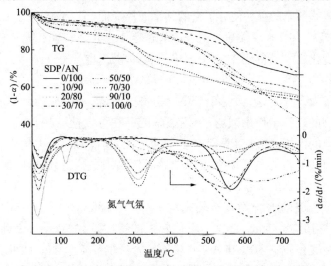

图 4.10　SDP/AN 共聚物在氮气气氛中的热重分析微分曲线

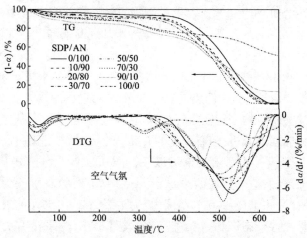

图 4.11　SDP/AN 共聚物在空气气氛中的热重分析微分曲线

在表 4.7 中，T_d 是聚合物开始分解的温度，T_{d3} 和 T_{d4} 分别是第三、第四阶段的起始降解温度，T_{dm3} 和 T_{dm4} 为第三、第四阶段的降解温度，$(d\alpha/dt)_{m3}$ 和 $(d\alpha/dt)_{m4}$ 分别表示第三、第四阶段聚合物的最大降解速率。从 T_{d3} 和 T_{dm3} 的数据可以发现，无论在空气中还在氮气中，它们都随着 SDP 含量的增大而降低。这表明苯磺酸基团的存在使共聚物的热稳定性下降。T_{d4} 和 T_{dm4} 也呈一定的下降趋势（不包括掺杂态），但没有表现出与 SDP 含量很强的依赖关系。此外，采用 Friedman 公式研究共聚物在氮气和空气中的热分解动力学[37,38]，各参数列于表 4.7 中。

$$\ln(d\alpha/dt) = \ln Z + n\ln(1-\alpha) - E/RT$$

式中，$d\alpha/dt$ 是由 DTG 曲线获得的热失重速率；Z 是降解反应的频率因子；n 是降解反应级数，反映聚合物热分解的速率大小，n 越大，分解速率越高；$1-\alpha$ 是某温度下样品的残余率，可以由 TG 曲线获得；E 为活化能，反映聚合物发生热降解所需的最低能量，E 越大，聚合物热稳定性能越好；R 和 T 分别为气体常数和绝对温度。

从表 4.7 的数据可知，SDP/AN 共聚物在氮气中表现出比在空气中更高的分解温度，较低的最大失重率，以及在 600 ℃ 更大的残余率，表明聚合物在氮气中热稳定性更好，因为在空气中会有其他的热氧化降解反应发生。

表 4.7　去掺杂态的 SDP/AN 共聚物在氮气和空气中的热分解参数

SDP 与 AN摩尔比	样品质量/mg	$T_{d3}/T_{dm3}/T_{d4}/T_{dm4}$/°C	$(d\alpha/dt)_{m3}/(d\alpha/dt)_{m4}$/(%/min)	600 °C 的残余率/%	E/(kJ/mol)	n	$\ln Z$/min^{-1}
氮气气氛中							
0/100	1.06	−/−/513/568	−/1.91	75.5	158	7.0	24.8
10/90	1.19	−/−/504/618	−/2.89	79.5	56	1.7	9.70
20/80	1.28	307/341/494/555	0.55/1.79	63.5	80	4.1	13.6
30/70	1.11	300/321/470/551	0.68/1.86	60.2	132	9.9	23.6
50/50	1.26	300/350/449/631	0.55/1.64	65.6	19	—	2.80
70/30(掺杂)	1.77	270/316/461/474	1.79/0.77	59.3	66	2.8	14.8
90/10(掺杂)	2.41	264/313/570/587	1.56/0.59	60.1	50	—	10.8
100/0(掺杂)	3.17	260/311/527/561	1.34/1.00	64.4	67	4.3	15.0
空气气氛中							
0/100	1.19	−/−/447/535	−/6.44	7.05	198	11.8	37.3
10/90	1.36	−/−/420/530	−/5.72	1.81	143	5.3	27.2
20/80	1.68	−/−/408/521	−/5.24	2.29	126	4.5	24.2
30/70	1.30	−/−/405/515	−/5.21	3.34	104	3.7	20.1
50/50	2.65	−/−/403/503	−/4.84	5.27	96	3.4	19.2
70/30(掺杂)	1.97	273/315/455/513	1.55/7.04	1.02	82	0.3	15.0
90/10(掺杂)	2.79	270/313/425/460	1.37/5.00	15.0	64	—	10.7
100/0(掺杂)	3.45	265/310/448/457	1.28/1.80	57.9	154	5.7	25.3

4.4　本章小结

本章采用溶液聚合法合成了一系列二苯胺磺酸钠/苯胺共聚物,系统地讨论了单体摩尔比、氧化剂用量及种类、酸介质种类和聚合温度对聚合产率、特性黏数、溶解性能和电导率的影响,并用粒度分析、AFM 和 TEM 研究了聚合物颗粒的形态。主要结论如下:

(1) 根据聚合体系的电位和温度变化,发现 SDP/AN 共聚过程是放热过程,聚合过程和聚合速率受聚合体系中单体摩尔比的影响,随着 SDP 含量的增加,聚合速率逐渐减慢。

(2) 随着聚合体系中 SDP 含量的增大,聚合产率和共聚物的特性黏数都呈下降趋势;$(NH_4)_2S_2O_8$ 是 SDP/AN 共聚体系的最佳氧化剂,且氧化剂与单体摩尔比为 1/1 时所得的聚合产物的特性黏数最大;聚合温度在 2～15 ℃时有利于得到产率较高且特性黏数较大的共聚物;盐酸是 SDP/AN 共聚体系最佳的反应酸介质。

(3) 随着共聚物中 SDP 含量的增加,共聚物在 THF 中的溶解性下降,但在水和氨水中的溶解性能改善;当 SDP 含量超过 70%时,能得到水溶性导电共聚物;去掺杂态 SDP/AN 共聚物的电导率为 $7.08×10^{-8}～3.52×10^{-5}$ S·cm^{-1},并且随着 SDP 含量的增加而升高;而掺杂态 SDP/AN 共聚物的电导率为 $6.0×10^{-4}～2.37×10^{-1}$ S·cm^{-1},随着 SDP 含量的增加而下降。

(4) 首次采用简便的、无外加稳定剂的聚合方法制备出了纳米导电颗粒,共聚物颗粒的粒径随氧化剂与单体摩尔比的降低呈下降的趋势。当氧化剂与单体摩尔比为 1/2 时,得到的去掺杂态椭球形纳米颗粒的长轴和短轴分别为 62 nm 和 44 nm。

(5) 热重分析表明,SDP/AN 共聚物的热分解过程分为四个阶段,苯磺酸基的引入使共聚物的热稳定性有一定的下降;同时,共聚物在氮气中的热稳定性比在空气中要好些。

参考文献

［ 1 ］ Leclerc M, Guay J, Dao L H. Synthesis and characterization of poly（alkylanilines）［J］. Macromolecules, 1989, 22（2）: 649-653.

［ 2 ］ Kumar D. Electrochemical and optical behaviour of conducting polymer: poly（*o*-toluidine）［J］. European Polymer Journal, 1999, 35（10）: 1919-1923.

［ 3 ］ Widera J, Palys B, Bukowska J, et al. Effect of anions on the electrosynthesis, electroactivity and molecular structure of poly（*o*-methoxyaniline）［J］. Synthetic Metals, 1998, 94（3）: 265-272.

［ 4 ］ Choi H J, Kim J W, To K. Electrorheological characteristics of semiconducting poly（anilne-co-*o*-ethoxyaniline）suspension ［J］. Polymer, 1999, 40（8）: 2163-2166.

［ 5 ］ Wei X L, Epstein A J. Synthesis of highly sulfonated polyaniline［J］. Synthetic Metals, 1995, 74（2）: 123-125.

［ 6 ］ Shimizu S, Saitoh T, Uzawa M, et al. Synthesis and application of sulfonated polyaniline［J］. Synthetic Metals, 1997, 85（1-3）: 1337-1338.

［ 7 ］ Yue J, Epstein A J. Synthesis of self-doped conducting polyaniline［J］. Journal of American Chemical Society, 1990, 112（7）: 2800-2801.

［ 8 ］ Nguyen M T, Kasai P, Miller J L, et al. Synthesis and properties of novel water-soluble conducting polyaniline copolymers［J］. Macromolecules, 1994, 27（13）: 3625-3631.

［ 9 ］ DeArmitt C, Armes S P, Winter J, et al. A novel *N*-substituted polyaniline derivative［J］. Polymer, 1993, 34

(1): 158-162.

[10] Malinauskas A, Holze R. UV-Vis spectroelectrochemical detection of intermediate species in the electropolymerization of an aniline derivative [J]. Electrochimica Acta, 1998, 43 (16-17): 2413-2422.

[11] Yue J, Wang Z H, Cromack K R, et al. Effect of sulfonic acid group on polyaniline backbone [J]. Journal of the American Chemical Society, 1991, 113(7): 2665-2671.

[12] Yue J, Gordon G, Epstein A J. Comparison of different synthetic routes for sulphonation of polyaniline [J]. Polymer, 1992, 33(20): 4410-4418.

[13] Hang P, Genies E M. Polyanilines with covalently bonded alkyl sulfonates as doping agent: Synthesis and properties [J]. Synthetic Metals, 1989, 31(3): 369-378.

[14] Chen S A, Hwang G W. Water-soluble self-acid-doped conducting polyaniline: Structure and properties [J]. Journal of the American Chemical Society, 1995, 117(40): 10055-10062.

[15] Chen S A, Hwang G W. Synthesis of water-soluble self-acid-doped polyaniline [J]. Journal of the American Chemical Society, 1994, 116(17): 7939-7940.

[16] Hua M Y, Su Y U, Chen S A. Water-soluble self-acid-doped conducting polyaniline: poly (aniline-co-*N*-propylbenzene-sulfonic acid-aniline) [J]. Polymer, 2000, 41(2): 813-815.

[17] Varela H, Torresi R M, Buttry D A. Study of charge compensation during the redox process of self-doped polyaniline in aqueous media [J]. Journal of the Brazilian Chemical Society, 2000, 11(1): 32-38.

[18] Koul S, Dhawan S K, Chandra R. Compensated sulphonated

polyaniline-correlation of processibility and crystalline structure[J]. Synthetic Metals,2001,124(2): 295-299.

[19] Sahin Y, Pekmez K, Yildiz A. Electrochemical synthesis of self-doped polyaniline in fluorosulfonic acid/acetonitrile solution[J]. Synthetic Metals,2002,129(2): 107-115.

[20] Sahin Y, Pekmez K, Yildiz A. Electropolymerization and in situ sulfonation of aniline in water-acetonitrile mixture containing FSO_3H[J]. Synthetic Metals,2002,131(1-3): 7-14.

[21] Fan J H, Wan M X, Zhu D B. Synthesis and propertics of aniline and o-aminobenzenesulfonic acid copolymer [J]. Chinese Journal of Polymer Science, 1999, 17 (2): 165- 170.

[22] Mav I, Zigon M, Sebenik A, et al. Sulfonated polyanilines prepared by copolymerization of 3-aminobenzenesulfonic acid and aniline: The effect of reaction conditions on polymer properties[J]. Journal of Polymer Science,Part A: Polymer Chemistry,2000,38(18): 3390-3398.

[23] Prevost V, Petit A, Pla F. Studies on chemical oxidative copolymerization of aniline and o-alkoxysulfonated anilines: I. Synthesis and characterization of novel self-doped polyanilines[J]. Synthetic Metals,1999,104(2): 79-87.

[24] Tang H, Kitani A, Yamashita T, et al. Highly sulfonated polyaniline electrochemically synthesized by polymerizing aniline-2, 5-disulfonic acid and copolymerizing it with aniline[J]. Synthetic Metals,1998,96(1): 43-48.

[25] Mattoso L H C, Manohar S K, MacDiamid A G, et al. Studies on the chemical syntheses and on the characteristics of polyaniline derivatives[J]. Journal of Polymer Science,Part A: Polymer Chemistry,1995,33(8): 1227 -1234.

[26] Sun Z C, Geng Y H, Li J, et al. Catalytic oxidization polymerization of aniline in an $H_2O_2 - Fe^{2+}$ system [J]. Journal of Applied Polymer Science, 1999, 72 (8) : 1077 - 1084.

[27] Li X G, Zhou H J, Huang M R. Synthesis and properties of processible oxidative copolymers from N-ethylaniline with aniline[J]. Journal of Polymer Science, Part A: Polymer Chemistry, 2004, 42 (23) : 6109-6124.

[28] Li X G, Duan W, Huang M R, et al. A soluble ladder copolymer from m-phenylenediamine and ethoxyaniline[J]. Polymer, 2003, 44 (19) : 5579-5595.

[29] Li X G, Duan W, Huang M R, et al. Preparation and characterization of soluble terpolymers from m-phenylenediamine, o-anisidine, and 2, 3-xylidine [J]. Journal of Polymer Science, Part A: Polymer Chemistry, 2001, 39 (22) : 3989-4000.

[30] Sungsik B, Jason J R, Moonhor R. Synthesis and characterization of conducting poly (aniline-co-o-aminophenethyl alcohol) s[J]. Journal of Polymer Science, Part A: Polymer Chemistry, 2002, 40 (8) : 983-994.

[31] Li X G, Huang M R, Li F, et al. Oxidative copolymerization of 2-pyridylamine and aniline [J]. Journal of Polymer Science, Part A: Polymer Chemistry, 2000, 38 (24) : 4407-4418.

[32] Wei W, Focke W W, Wnek G E, et al. Synthesis and electrochemistry of alkyl ring-substituted polyanilines[J]. The Journal of Physical Chemistry, 1989, 93 (1) : 495-499.

[33] Albuquerque J E, Mattoso L H C, Balogh D T, et al. A simple method to estimate the oxidation state of polyanilines [J]. Synthetic Metals, 2000, 113 (1-2) : 19-22.

[34] Mazeikien R, Malinauskas A. Electrochemical preparation and study of novel self-doped polyanilines [J]. Materials Chemistry and Physics,2004,83(1): 184-192.

[35] Li X G, Huang M R, Feng W, et al. Facile synthesis of highly soluble copolymers and sub-micrometer particles from ethylaniline with anisidine and sulfoanisidine[J]. Polymer, 2004,45(1): 101-115.

[36] Chen S A, Hwang G W. Structure characterization of self-acid-doped sulfonic acid ring-substituted polyaniline in its aqueous solutions and as solid film [J]. Macromolecules, 1996,29(11): 3950-3955.

[37] Li X G, Huang M R, Guan G H, et al. Kinetics of thermal degradation of thermotropic poly(p-oxybenzoate-co-ethylene terephthalate) by single heating rate methods[J]. Polymer Intrenational,1998,46(4): 289-297.

[38] Huang M R, Li X G. Thermal degradation of cellulose and cellulose esters [J]. Journal of Applied Polymer Science, 1998,68(2): 293-304.

第5章 N-乙基苯胺与苯胺共聚物膜的气体分离

5.1 概述

气体膜分离是依据气体分子在膜内的溶解系数和扩散系数的差异而选择性地分离气体混合物。它与传统的吸附冷冻、冷凝分离法相比,具有高效、节能、操作简单、使用方便、不产生二次污染等优点,目前已广泛应用于空气富氧、富氮技术、天然气脱二氧化氮、合成氨尾气中氢气的回收等。气体分离膜包括聚合物均质膜、载体促进输送膜、分子筛膜和有机无机共混膜;膜结构可分为致密型、不对称型和复合型;所使用的聚合物材料主要有聚酰亚胺、聚吡咙、纤维素衍生物、聚碳酸酯等[1-4]。研究表明,具有共轭大 π 键结构的聚合物也具有优异的气体分离性能,其中以聚苯胺最为突出[5-9]。

Anderson 等[8]研究了不同掺杂态聚苯胺膜的气体分离性能。结果表明,聚苯胺膜对多组气体都具有较好的分离性能,H_2/N_2、O_2/N_2 和 CO_2/CH_4 的选择系数分别为 3 590,30 和 336,这使聚苯胺气体分离膜的研究成为热点。不同的研究小组分别对聚苯胺膜进行了研究[9-12],他们得到的结果不完全一致,但有一点是公认的,虽然聚苯胺膜具有很高的氧氮分离性能,但其气体渗透性能较差。不同的掺杂态膜具有不同的气体分离性能,二次掺杂态膜具有较高的渗透系数和最高的气体选择系数[10,12]。采用不同的酸进行掺杂时,聚苯胺膜的气体分离性能也有所不同[13-16]。此外,成膜溶剂的残留量对其分离性能也有一定的影响[17,18]。随着操作温度的升高,各种气体的渗透系数提高,但气体选择性下降[19];Chang 和 Hiroshi[20,21]还根据 Arrhenius 方程计算出氨气、氢气、二氧化碳、氧气和氮气透过聚苯胺膜的渗透活化能分别为 17.5,20.8,23.5,23.8,27.6 kJ/mol。

Lee 等[22]采用特殊的粘结复合技术制得了聚苯胺/尼龙复合膜,并研究了不同的掺杂处理对该复合膜气体分离性能的影响,研究表明其氧氮分离系数从 7.2(本征态)提高到 28(二次掺杂态)。Kuwabata 等[13]利用溶液浇铸法制得了聚苯胺/微孔氧化铝复合膜,二次掺杂的复合膜的氧氮分离系数也高达 15。但是,对聚苯胺衍生物膜气体分离性能的研究较少,Chang 和 Su 等[23,24]合成了聚(邻甲氧基苯胺)、聚(邻乙基苯胺)和聚(邻乙氧基苯胺),并研究了它们的气体分离性能,与聚苯胺膜相比,这些膜的气体渗透系数增大,而分离系数都有不同程度的降低。

绝大多数研究都从单一的纯气体为研究对象,虽然在理论研究上有较大的意义,但离实际运用还有较大的差距,Li 等以实际空气为原料进行了一系列的研究[25-27]。以苯胺/邻甲苯胺共聚物和邻甲苯胺均聚物分别与乙基纤维素共混形成的均质致密膜为选择分离层[28],乙基纤维素膜为柔性间隔层,聚砜、聚醚砜、聚砜酰胺多孔支撑层所组成的多层复合膜具有较好的分离性能,空气经(乙基纤维素/聚邻甲苯胺)-乙基纤维素-聚砜构成的三层复合膜分离后能够得到氧气浓度较高的富氧气体(46%),同时具有中等的气体流量。共聚摩尔配比为 50/30/20 的(苯胺/邻甲苯胺/2,3-二甲苯胺)共聚物与乙基纤维素以质量比 20/80 溶液共混浇铸成的均质致密膜,与聚砜超滤膜复合后构成的双层复合膜也具有很好的空气分离性能[29],在 22 ~ 50 ℃和 640 kPa 的操作条件下,复合膜的氧气渗透流率为 $(9.8 \sim 47.3) \times 10^{-11}$ cm^3(STP)/s·cm^2·cmHg,富氧浓度为达 38.6% ~ 43.0%。

本章将采用恒压变容法研究 EA/AN 共聚物膜以及其与乙基纤维素的共混膜对实际空气中的氧气和氮气的分离性能;采用广角 X 射线衍射(WXRD)对聚合物膜及其共混膜的结晶性能进行研究。此外,还对聚合物膜的力学性能和表面形态进行了研究。

5.2　实验部分

5.2.1　主要原料及设备

乙基纤维素(EC):广东汕头新宇化工厂,化学纯;EA/AN 共聚物:本实验室自制,聚合过程见 2.2.3 节。

所用的主要设备如表 5.1 所示。

表 5.1　主要仪器及设备一览表

名称	规格	生产厂家
恒压气体分析仪	恒压变容型	本实验室自组装
空气压缩机	Z-J 95/6 型	上海第二压缩机厂
连续测厚规	0~10 mm	桂林量具刃具厂
X 射线衍射仪	D8-Advance	德国 Bruker AXS X 射线分析仪器公司
机械拉伸机	Instron-1121	英国 Instron 公司
扫描电子显微镜	S-2360N	日本日立公司

5.2.2　膜的制备

(1)本征态膜的制备

称取 0.5 g 左右的 EA/AN(10/90)共聚物溶解于 15 mL NMP 中,待聚合物完全溶解后,用 3# 砂芯漏斗进行过滤,将过滤后的溶液在干净的水平玻璃板浇铸成膜,用红外灯直照(60~70 ℃);待膜干燥后,在蒸馏水中脱膜,然后将膜在 100~110 ℃处理 3 h,得到本征态共聚物膜,备用。

（2）掺杂态共聚物膜的制备

将所得的本征态共聚物膜浸泡于 1.0 mol/L HCl 中,12 h 后将该膜取出,用蒸馏水反复冲洗多次,然后室温减压干燥后进行气体分离性能的测试。

（3）去掺杂态共聚物膜的制备

将所得的本征态共聚物膜浸泡于 1.0 mol/L HCl 中,12 h 后将该膜取出,用蒸馏水反复冲洗多次,再将其放置于 1.0 mol/L NH_4OH 中去掺杂处理 24 h,取出后用蒸馏水反复冲洗多次,然后室温减压干燥后进行气体分离性能的测试。

（4）二次掺杂态共聚物膜的制备

将制备的去掺杂态共聚物膜放置于 0.02 mol/L HCl 中二次掺杂处理 24 h,取出后用蒸馏水反复冲洗多次,然后室温减压干燥后进行气体分离性能的测试。

（5）共混膜的制备

按一定的质量比称取相应的 EA/AN(10/90)共聚物和乙基纤维素,分别溶解于 NMP 中,充分溶解后,用 3# 砂芯漏斗过滤 EA/AN(10/90)共聚物溶液,然后将两部分溶液混合均匀,成膜操作同前面所述的本征态膜的制备。

5.2.3　膜的表征

将膜在真空下表面镀金后,用 Hitachi S-2360N 型扫描电子显微镜进行表面形态观察。

其他的表征同 2.2.2 节所述。

5.2.4　富氧性能测试

5.2.4.1　测试装置

本实验采用自行设计的气体测试装置,如图 5.1 所示。其中渗透池的有效渗透面积为 70.9 cm^2,吸氧溶液为铜氨溶液,封闭液为石蜡油。

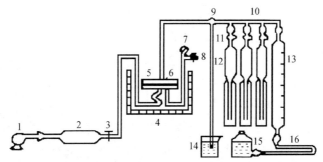

1—空压机;2—缓冲罐;3—调压阀;4—恒温槽;5—渗透池;6—膜;
7—精密压力表;8—放空阀;9—三通活塞;10—梳形管;11—二通活
塞;12—吸收瓶;13—量气管;14—放气瓶;15—水准瓶;16—橡皮管

图5.1　恒压变容空气分析仪示意图[30]

5.2.4.2　测试步骤

（1）严格检查装置是否漏气。

（2）测定量气管的总体积。将量气管中充入空气至 10 mL 刻度线,旋转三通活塞使膜的低压侧与放气瓶相通,打开二通活塞,开始吸氧,反复多次,直到量气管中气体体积不再发生变化,读取此时液面的读数,以空气中的氧气浓度 20.9% 计算量气管的总体积 V_0。

（3）装膜,排出量气管中气体,开启空压机,将输出空气调至所需压力,开始收集气体。

（4）随着透过气体体积的增加缓慢下降水准瓶,当气体的体积达到某一刻度时排气,重复 12 次。

（5）排气结束后,收集透过气体至 10 mL 刻度线,并计时,旋转三通活塞使膜的低压侧与放气瓶相通。打开二通活塞,开始吸氧,反复多次,直到量气管中气体体积不再发生变化,将残余气体送回量气管,调整吸收液面至原来固定位置,关闭二通活塞。使水准瓶与量气管内的液面相平,读取液面所示刻度 V_1,则透过气体中氧气所占的体积为 $10-V_1$,$(10-V_1)/V_0$ 就是透过气体中氧气的浓度。

（6）排气。

（7）调整压力、温度、切割比,调整三通活塞透气半小时,再重复步骤(3)至步骤(6)的操作,即可进行其他条件下的透气性能测试。

5.2.4.3 计算方法

(1)实际透过气体中氧气的体积为

$$V_{O_2} = V - V_1 \qquad (5-1)$$

式中,V 为量气管中收集的透过气体的总体积,mL;V_1 为吸氧后的量气管中气体的体积,mL。

(2)透过气体中氧气的浓度为

$$c_{O_2} = \frac{V - V_1}{V} \qquad (5-2)$$

(3)富氧空气流量为

$$Q = \frac{V}{t \cdot A} \qquad (5-3)$$

式中,t 为向量气管中充入 V mL 气体所需的时间,s;A 为渗透池的有效面积,cm^2。

(4)透过气体中两种气体的透过系数分别为

$$P_{O_2} = \frac{V \cdot Y_{O_2} \cdot d}{t \cdot \Delta p_{O_2} \cdot A} \qquad (5-4)$$

$$P_{N_2} = \frac{V \cdot Y_{N_2} \cdot d}{t \cdot \Delta p_{N_2} \cdot A} \qquad (5-5)$$

式中,d 为膜的厚度,cm;Δp 为压力差,cmHg。

(5)氧氮分离系数为

$$\alpha_{O_2/N_2} = \frac{P_{O_2}}{P_{N_2}} = \frac{Y_{O_2} \cdot \Delta p_{N_2}}{Y_{N_2} \cdot \Delta p_{O_2}} \qquad (5-6)$$

5.3 结果与讨论

5.3.1 共聚物膜的气体分离性能

聚苯胺膜在气体分离方面的应用研究始于 1991 年,

Anderson 等[8] 报道了聚苯胺膜用于对多种气体的透过性能研究,结果表明聚苯胺膜对多组气体均具有较好的分离性能,其中氧氮分离系数可达 30,这使聚苯胺气体分离膜的研究成为新的热点。虽然不同的研究小组的报道结果不尽相同,但他们一致认为聚苯胺膜虽具有较高的氧氮分离系数,但其气体渗透系数较低。因此,如何在提高其渗透系数的同时保持较高的氧氮分离系数是研究中的一个难题[9-11]。根据气体膜分离原理以及自由体积理论可以预测,如果对聚苯胺的分子链进行一定的改性,如引入某种取代基,使其自由体积适当地改变,就可以达到预期的效果。本书采用在 *N* 位引入乙基取代基的方法来改性聚苯胺的气体分离性能。以下将详细讨论 EA/AN(10/90)共聚物膜(简称为 EN19C 膜)以及其与 EC 的共混膜的空气分离性能。

　　图 5.2 和图 5.3 是操作压力对不同的掺杂态下 EN19C 膜的气体分离性能的影响,其中包括富氧气体的流量、富氧气体中的氧气浓度、氧气的渗透系数以及氧氮分离系数。由于掺杂态的共聚物膜表现为脆性,在较小的操作压力(101 kPa)下气体流量太低,以至于得不到数据,而在较高的操作压力(大于 101 kPa)下,膜被压破成为碎片,所以本实验中只研究了本征态、去掺杂态和二次掺杂态共聚物膜的气体分离性能。由图 5.2 可知,随着操作压力的增大,气体流量线性增大,富氧气体中的氧气浓度也逐渐增大。在相同的操作压力下,本征态膜的气体流量最小,去掺杂态膜的气体流量最大,二次掺杂态膜的气体流量介于两者之间。对于富氧气体中的氧气浓度,则呈现出不同的变化规律,本征态膜的氧气浓度还是最低,其次是去掺杂态膜,二次掺杂态膜的氧气浓度最高。当操作压力为 606 kPa 时,二次掺杂态膜的氧气浓度为 40.6%,去掺杂态膜的氧气浓度为 39.7%,而本征态膜的氧气浓度为 37.9%。在图 5.3 中,富氧气体中氧气的渗透系数随着操作压力的增大而增大,而氧氮分离系数则是先减小再增大。在同一操作压力下,本征态膜的氧气渗透系数最小,去掺杂态膜的最大,而二次掺杂态膜介于两者之间;对于

氧氮分离系数,本征态膜最小,其次是去掺杂态膜,二次掺杂态膜的氧氮分离系数最大。

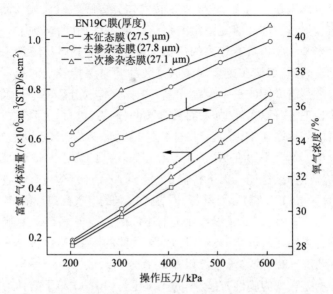

图 5.2　操作压力对 EN19C 膜的富氧气体流量和氧气浓度的影响

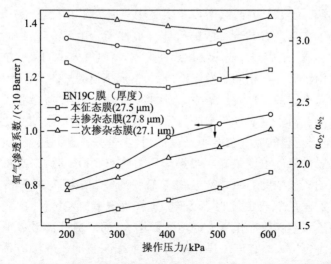

图 5.3　操作压力对 EN19C 膜的氧气渗透系数和氧氮分离系数的影响

　　此外,操作温度对不同掺杂态的共聚物膜的分离性能也有较大的影响。图 5.4 和图 5.5 是不同掺杂态膜的富氧气体的流量、富氧气体中的氧气浓度、氧气渗透系数以及氧氮分离系数与操作温度的关系图,操作压力为 505 kPa。在图 5.4 中,随着操作温度的升高,富氧气体的流量逐渐增大,而氧气浓度则逐渐下降。在相同的温度下,本征态膜的气体流量最小,其次是二次掺杂态膜,去掺杂态膜的富氧气体流量最大;对于氧气浓度,则是本征态膜最小,二次掺杂态膜最大,而去掺杂态膜介于两者之间。在图 5.5 中,氧气的渗透系数随操作温度的升高而增大,而氧氮分离系数则呈下降的趋势。在同一操作温度下,本征态膜中的氧气渗透系数最小,其次是二次掺杂态膜,去掺杂态膜的渗透系数最大;对于氧氮分离系数,则是本征态膜最小,二次掺杂态膜最大,而去掺杂态膜介于两者之间。

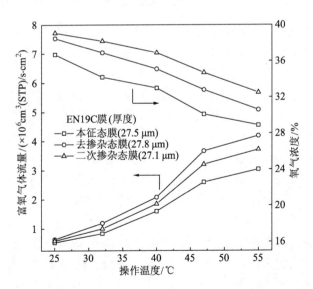

图 5.4　操作温度对 EN19C 膜的富氧气体流量和氧气浓度的影响

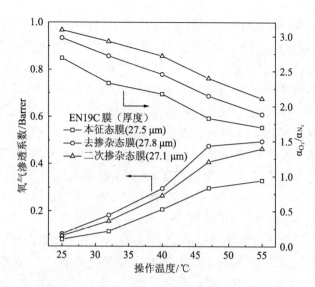

图 5.5   操作温度对 EN19C 膜的氧气渗透系数和氧氮分离系数的影响

    不同掺杂态的聚苯胺膜具有不同的气体分离性能,这可以用自由体积理论来解释[8,12]。图 5.6 是不同掺杂态的聚苯胺膜的自由体积模型。在本征态聚苯胺膜中(图 5.6a),假设其自由体积在膜内部形成了许多自由通道(图 5.6 的白色部分),并且相邻的两条通道之间有一些较小的通道连结,但这些通道只允许小分子气体($\Phi < 0.35$ nm)较快地通过,而较大的气体分子($\Phi > 0.35$ nm)通过的速度较慢;当本征态膜经质子酸掺杂后,H^+与聚苯胺分子链中亚胺上的 N 原子结合的同时,其溶剂化的反离子(直径较大,图中黑点)伴随于其附近(图 5.6b)。值得注意的是,掺杂剂与亚胺进行掺杂时,存在很大的推动力,这会导致膜的内部形态发生变化,使得膜内的自由体积变大。但是由于掺杂剂的存在,这些自由体积的大部分被掺杂剂占据,因此掺杂态膜的气体渗透系数和分离系数都下降。经去掺杂后,虽然掺杂剂被除去,但此时没有外力使聚合物分子链回到未掺杂前的状态,这就使膜内的自由体积较本征态时有所增大,各通道之间的连接增多(图 5.6c),此时渗透系数和分离系数较本征态有

较大的提高。二次掺杂后,又有部分自由体积被掺杂剂占据
(图 5.6d),使得气体的渗透系数进一步下降,但此时自由体积
对大分子和小分子的影响是不同的,相对而言,小分子气体的渗
透系数变化不大,而大分子气体的渗透系数下降较多。

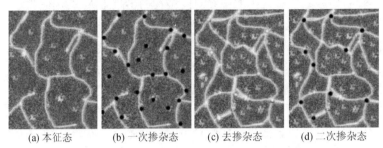

　(a) 本征态　　　(b) 一次掺杂态　　　(c) 去掺杂态　　　(d) 二次掺杂态

图 5.6　不同掺杂态的聚苯胺膜的自由体积模型

　　不同掺杂态的 EA/AN(10/90)共聚物膜具有不同的气体分
离性能,其机理与不同掺杂态聚苯胺膜一致。EN19C 膜经掺杂
和去掺杂处理后,其自由体积有较大的提高,所以去掺杂态膜的
气体流量和富氧气体中氧气的渗透系数最大,而氧气浓度和气
体分离系数也有一定的提高。二次掺杂后,其中的部分自由体
积被掺杂剂分子所占据,总的自由体积有所下降,因此气体流量
和富氧气体中氧气的渗透系数较去掺杂态膜有所下降,但依然
大于本征态膜。同时,二次掺杂处理对两种气体在膜内的渗透
过程的影响不同,二次掺杂对氧气($\Phi_1 = 0.346$ nm)的渗透影响
不大,而对分子直径稍大的氮气($\Phi_2 = 0.364$ nm)的渗透影响较
大,使其在二次掺杂态膜中的渗透性下降,从而使得二次掺杂态
膜的氧气浓度和氧氮分离系数达到最大。同时还发现,操作温
度对富氧气体流量和氧气的渗透系数的影响较大,当操作温度
从 25 ℃升到 55 ℃时,本征态、去掺杂态和二次掺杂态膜的气体
流量分别提高了 5.76、6.61 和 6.38 倍,而氧气渗透系数分别提
高了 4.17、4.81 和 4.93 倍,这主要是由于温度的升高使聚合物
的分子链的热运动加快,膜内的自由通道"加宽",有利于气体

分子通过膜。当改变操作压力时,只有富氧气体流量的变化较大,而氧气渗透系数的变化不大。操作压力从 101 kPa 增至 606 kPa 时,三种膜的富氧气体流量分别增加了 4.04、4.15 和 4.10 倍,而氧气渗透系数增大的倍数分别是 1.27、1.32 和 1.29。这可以说明,操作压力的提高对膜结构的影响不大,在膜的力学性能范围内,压力的提高不会对膜内的自由体积以及自由通道产生较大的影响,而只是加快了气体在膜内的扩散速度。

以前的文献报道中得到的聚苯胺膜及其衍生物膜都具有较高的氧氮分离系数,一般在 4.30~30。这些研究均采用纯气体进行测试,且测试方法为恒容变压法,而本研究以真实的空气为研究对象,测试方法也与之前报道的不一致,这些因素使得本研究的结果与其他研究小组的结果的可比性较小。本研究小组研究了不同的聚合物材料的真实气体分离性能,得到富氧气体的氧气浓度在 39.1%~46% 范围内[27-29]。从上述不同掺杂态的 EA/AN(10/90)共聚物膜气体分离性能的研究中可以发现,氧气浓度最高只有 40.6%。为了得到气体分离性能更好的膜材料,下面我们将研究 EA/AN(10/90)共聚物与乙基纤维素共混膜的气体分离性能。

5.3.2　共混膜的气体分离性能

聚苯胺虽然具有较高的氧氮分离系数,但其气体渗透系数太低(0.1~0.3 Barrer),不利于工业化应用,而取代基的引入在一定程度上可以改善其渗透系数。在 5.3.1 小节的研究中,得到的 EN19C 膜的渗透系数较聚苯胺有一定的提高,这主要是由于乙基取代基的引入使膜内的自由体积增大。可以推测,如果分子链中乙基的含量增大,膜的气体渗透系数将继续增大,但乙基的引入使聚合物的摩尔质量下降,当乙基含量增大时,所得的聚合物膜会因力学性能下降而无法进行气体分离测试。在此,选用具有较好成膜性能的乙基纤维素与 EN19C 进行共混,得到一系列不同组成的共混膜。

图 5.7 和图 5.8 所示为操作压力对五种不同组成的共混膜

的气体分离性能的影响。在图 5.7 中,随着操作压力的不断增大,这五种共混膜的富氧气体流量都不断地增大,富氧气体中氧气的浓度也呈增大的趋势,不过 EC/EN19C(50/50) 和 EC/EN19C(30/70) 有些例外,都在 606 kPa 时出现一个峰值,分别为 39.7% 和 44.6%。在同一操作压力时,EC/EN19C(100/0) 和 EC/EN19C(80/20) 的气体流量远大于其他三种共混膜,EC/EN19C(80/20) 的气体流量最大,而 EC/EN19C(30/70) 的最小;对于氧气浓度来说,则是 EC/EN19C(30/70) 的最大,EC/EN19C(100/0) 的最小。在图 5.8 中,随着操作压力的不断增大,EC/EN19C(50/50)、EC/EN19C(30/70) 和 EC/EN19C(0/100) 膜的氧气渗透系数基本上呈增大趋势,而 EC/EN19C(100/0) 和 EC/EN19C(80/20) 膜的氧气渗透系数则先减小再增大。氧氮分离系数的变化没有一定的规律,EC/EN19C(100/0)、EC/EN19C(80/20) 和 EC/EN19C(0/100) 膜是先减小再增大,在 101kPa 时的氧氮分离系数最大,分别为 2.67、3.71 和 2.82;而 EC/EN19C(50/50) 的氧氮分离系数呈减小的趋势;对于 EC/EN19C(30/70) 膜,则是先增大,在 606 kPa 时达到最大值(3.94),然后再减小。

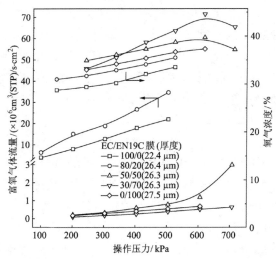

图 5.7　操作压力对 EC/EN19C 共混膜的富氧气体流量和氧气浓度的影响

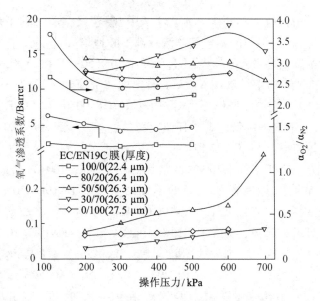

图 5.8　操作压力对 EC/EN19C 共混膜的
氧气渗透系数和氧氮分离系数的影响

　　操作温度对这五种共混膜的分离性能的影响如图 5.9 和图 5.10 所示。在图 5.9 中,随着操作温度的升高,气体流量都呈增大的趋势,而氧气浓度则基本呈减小趋势,只是 EC/EN19C (30/70)有所不同,在 47 ℃时氧气浓度达到最大值,为46.6%。在图 5.10 中,随着操作温度的升高,五种共混膜的氧气渗透系数都不断增大,而氧氮分离系数基本呈减小趋势,但 EC/EN19C (50/50)和 EC/EN19C(30/70)膜有所不同,分别在 40 ℃ 和 47 ℃时达到最大值,分别是 3.24 和 4.66。

　　以上研究发现,EC/EN19C(30/70)膜具有较高的氧气浓度和氧氮分离系数,分别在 47 ℃、606 kPa 时达到最大值,为了进一步对其进行研究,将操作温度恒定在 47 ℃,改变操作压力来研究其分离性能。这种实验条件下的 EC/EN19C(30/70)膜的分离性能如图 5.11 所示。由图可见,随着操作压力不断增大,富氧气体流量也不断增大,而氧气浓度则是先增大,在 606 kPa

时达到最大值,为 47.6%,此时氧氮分离系数高达 4.62;当操作压力升至 707 kPa 时,富氧气体的氧气浓度下降为 45.3%。以上研究表明,EC/EN19C(30/70)膜具有较好的空气分离性能,主要是由于在 30/70 这一配比时,EC 较好的气体透过性能和 EN19C 较好的氧氮分离性能得到了很好的结合;同时也表明,两种组分之间可能发生了某种相互作用,使该配比的共混膜的自由体积以及膜内的通道更有利于氧气的通过。不同 EC 和 EN19C 配比的共混膜具有不同的气体分离性能,这是由于两者配比的变化改变了共混膜的自由体积、膜的内部形态以及两者的相互作用。下面对这一系列共混膜的表面形态、结晶性以及力学性能进行研究。

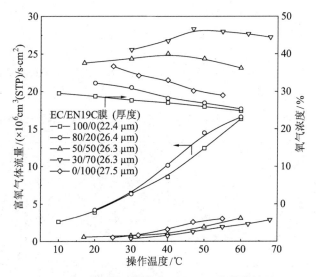

图 5.9　操作温度对 EC/EN19C 共混膜的
富氧气体流量和氧气浓度的影响

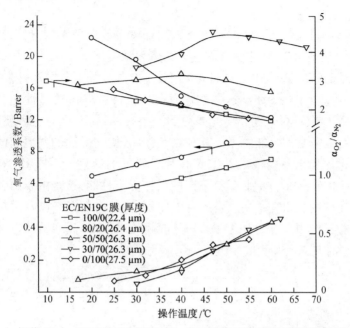

操作压力：EC/EN19C（100/0）和 EC/EN19C（80/20）共混膜为 101 kPa，其他共混膜为 505 kPa。

图 5.10　操作温度对 EC/EN19C 共混膜的氧气渗透系数和氧氮分离系数的影响

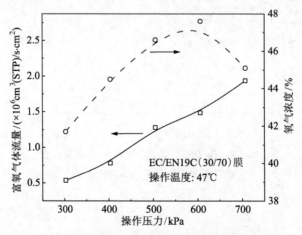

图 5.11　操作压力对 EC/EN19C（30/70）共混膜的 富氧气体流量和氧气浓度的影响

　　不同 EC 和 EN19C 配比的共混膜肉眼看上去都是平整光滑的,只是颜色有所不同,随着 EN19C 含量的增加,共混膜由无色透明膜逐渐变为半透明的浅蓝色膜,而 EN19C 膜则为不透明的蓝黑色膜,它们的 SEM 图却表现出不同的形态。图 5.12 是四种不同配比的 EC/EN19C 共混膜的表面扫描电镜(SEM)图。EN19C 膜的表面上存在一些大小不同的"小黑点"(图 5.12d),可能是由于在成膜的过程中部分聚合物分子链发生了聚集,这也表明 EN19C 膜是致密膜,该膜的气体流量和氧气渗透系数都较低。而当 EN19C 与 EC 共混时,所得的共混膜的表面则呈现出不同的结构,表面都有一些大小不同的"小坑"。在 EC/EN19C(80/20)膜中(图 5.12a),这些"坑"的大小和形状都不一致,可能是由于加入的少量 EN19C 成为不连续相,这也表明这种配比时两种组分在膜内分布不均匀。在 EC/EN19C(50/50)膜中(图 5.12b),这些"小坑"基本为圆形,但大小不一。在 EC/EN19C(30/70)膜中(图 5.12c),这些"小坑"的大小基本相同(直径约为 2 μm),且在膜内的分布非常均匀,这表明两种组分在这一配比下混合得非常均匀,也可能是因为两者之间存在某种相互作用,使膜结构较致密,以致其具有很好的气体分离性能。

　　图 5.13 是五种不同组成的共混膜的宽角 X 射线衍射谱图。由图可见,这些共混膜有的表现出非结晶态,有的表现出部分结晶态,但不同组成膜的结晶行为也不相同。EC 膜在 21.6° 和 29.5° 出现两个尖峰,在 22.6° 和 23.2° 出现两个较宽的衍射峰。而 EC 与 EN19C 的共混膜都在 22.3° 出现一个很宽的峰,此外在 7.5° 出现一个较窄的衍射峰,并且此峰在不同的膜中表现出不同的强度,在 EC/EN19C(30/70)共混膜中,该峰衍射强度较强,这可能与共混膜致密、均一的结构有关,这也是 EC/EN19C(30/70)膜具有较好的气体分离性能的一个有力证据,同时可以推测这两种组分间存在某种相互作用。

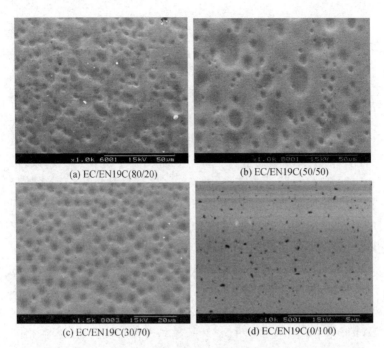

(a) EC/EN19C(80/20)

(b) EC/EN19C(50/50)

(c) EC/EN19C(30/70)

(d) EC/EN19C(0/100)

图 5.12　不同配比的 **EC/EN19C** 共混膜的表面扫描电镜(**SEM**)图

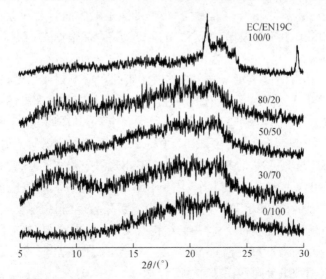

图 5.13　不同组成的 **EC/EN19C** 共混膜的宽角 **X** 射线衍射谱图

5.3.3　共混膜的力学性能

图 5.14 是五种不同配比 EC/EN19C 共混膜的应力-应变曲线。随着共混膜中 EN19C 含量的增大,共混膜的断裂伸长率逐渐下降,而断裂强度逐渐增大。EC 膜的断裂强度和断裂伸长率分别为 34.9 MPa 和 4.33%,表现出一定的韧性断裂;当加入 20% 的 EN19C 后,共混膜的断裂强度增大,而断裂伸长率降低,分别为 44.5 MPa 和 3.67%;EC/EN19C（50/50）共混膜的断裂强度和断裂伸长率分别为 52.6 MPa 和 3.31%;EC/EN19C（30/70）共混膜的断裂强度和断裂伸长率分别为 59.1 MPa 和 3.0%。这表明,随着 EN19C 含量的增大,共混膜的脆性增大。EN19C 膜的断裂强度和断裂伸长率分别为 70.7 MPa 和 2.67%,虽然其断裂强度比 EC 膜和其他的共混膜要大得多,但表现出更大的脆性,其断裂行为表现出明显的脆性断裂。

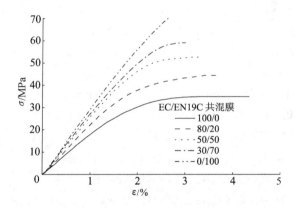

图例：
EC/EN19C 共混膜
—— 100/0
— — 80/20
····· 50/50
—·— 30/70
—··— 0/100

图 5.14　不同配比的 EC/EN19C 共混膜的应力-应变曲线

5.4　本章小结

采用恒压变容法研究了不同掺杂态的 EA/AN(10/90) 共聚物膜以及一系列 EA/AN(10/90) 共聚物与 EC 共混膜的气体分离性能。二次掺杂态 EA/AN(10/90) 共聚物膜具有较好的气体分离性能,其气体流量、氧气渗透系数和氧气浓度随操作压力的升高而增大,而氧氮分离系数则随操作压力的升高而减小;随着操作温度的升高,气体流量和氧气渗透系数逐渐增大,而氧气浓度和氧氮分离系数逐渐减小。在 25 ℃,606 kPa 时,富氧气体中氧气的浓度为 40.6%。在 EA/AN(10/90)共聚物与 EC 的共混膜中,EC/EN19C(30/70)共混膜具有最好的气体分离性能,在操作温度为 47 ℃,操作压力 606 kPa 时,富氧浓度可达 47.6%,氧氮分离系数为 4.62。此外,WXRD 研究表明,共混膜为非结晶态膜或部分结晶态膜。

参考文献

[1] Liu Y, Chng M L, Chung T S, et al. Effects of amidation on gas permeation properties of polyimide membranes [J]. Journal of Membrane Science, 2003, 214(1): 83−92.

[2] Zimmerman C M, Koros W J. Polypyrrolones for membrane gas separations. I. Structural comparison of gas transport and sorption properties[J]. Journal of Polymer Science, Part B: Polymer Physics, 1999, 37(12): 1235−1249.

[3] Li X G, Kresse I, Xu Z K, et al. Effect of temperature and pressure on gas transport in ethyl cellulose membrane[J]. Polymer, 2001, 42(16): 6801−6810.

[4] Chen S H, Chuang W H, Wang A A, et al. Oxygen/ nitrogen separation by plasma chlorinated polybutadiene/ polycarbonate composite membrane [J]. Journal of Membrane Science, 1997, 124(2): 273−281.

[5] Musselman I H, Washmon L L L, Varadarajan D, et al. Poly (3-dodecylthiophene) membranes for gas separations[J]. Journal of Membrane Science, 1999, 152(1): 1−18.

[6] Liang W B, Martin C R. Gas transport in electronically

conductive polymers [J]. Chemistry of Materials, 1991, 3 (3): 390-391.

[7] Wang L X, Li X G, Yang Y L. Preparation, properties and applications of polypyrroles [J]. Reactive and Functional Polymers, 2001, 47(2): 125-139.

[8] Anderson M R, Mattes B R, Reiss H, et al. Conjugated polymer films for gas separation [J]. Science, 1991, 252 (5011): 1412-1415.

[9] Illing G, Hellgardt K, Wakeman R J, et al. Preparation and characterization of polyaniline based membranes for gas separation [J]. Journal of Membrane Science, 2001, 184 (1): 69-78.

[10] Rebattet L, Escoubes M, Genies E, et al. Effect of doping treatment on gas transport properties and on separation factors of polyaniline membranes [J]. Journal of Applied Polymer Science, 1995, 57(13): 1595-1604.

[11] Mattes B R, Anderson M R, Conklin J A, et al. Morphological modification of polyaniline films for the separation of gases [J]. Synthetic Metals, 1993, 57 (1): 3655-3660.

[12] Conklin J A, Su T M, Huang S C, et al. Gas and liquid separation application of polyaniline membranes [M]// Skotheim T A. Handbook of Conducting Polymers (Second edition). New York: Marcel Dekker InC, 1997: 945-961.

[13] Kuwabata S, Martin C R. Investigation of the gas-transport properties of polyaniline[J]. Journal of Membrane Science, 1994, 91(1): 1-12.

[14] Hachisuka H, Ohara T, Ikeda K I, et al. Gas permeation property of polyaniline films[J]. Journal of Applied Polymer Science, 1995, 56(11): 1479-1485.

［15］ Conklin J A, Anderson M R, Kaner R B. Anhydrous halogen acid doping polyaniline films and its effect on permeability ［J］. Polymer Preprints, 1994, 35: 313-314.

［16］ Conklin J A, Anderson M R, Reiss H, et al. Anhydrous halogen acid interaction with polyaniline membranes: A gas permeability study［J］. Journal of Physical Chemistry, 1996, 100(20): 8425-8429.

［17］ Rebattet L, Pineri M, Escoubes M, et al. Gas sorption in polyaniline powders and gas permeation in polyaniline films ［J］. Synthetic Metals, 1995, 71(1-3): 2133-2137.

［18］ Yang J P, Sun Q S, Hou X H, et al. Separation properties of free-standing film of polyaniline［J］. Chinese Journal of Polymer Science, 1993, 11(1): 121-124.

［19］ Wang H L, Mattes B R. Gas transport and sorption in polyaniline thin film［J］. Synthetic Metals, 1999, 102(1-3): 1333-1334.

［20］ Chang M J, Liao Y H, Myerson A S, et al. Gas transport properties of polyaniline membranes［J］. Journal of Applied Polymer Science, 1996, 62(9): 1427-1436.

［21］ Hiroshi T, Masakatsu Y, Kazuyuki O. Gas Permeability of free-standing polyaniline films after thermal aging ［J］. Japanese Joural of Polymer Science and Technology, 1994, 51(1): 137-139.

［22］ Lee Y M, Ha S Y, Lee Y K, et al. Gas separation through conductive polymer membranes. 2. polyaniline membranes with high oxygen selectivity ［J］. Industrial Engineering Chemistry Research, 1999, 38(5): 1917-1924.

［23］ Chang M J, Myerson A S, Kwei T K. Gas transport in ring substituted polyanilines ［J］. Polymer Engineering and Science, 1997, 37(5): 868-875.

［24］ Su T M, Kwon A H, Lew B M, et al. Synthesis and gas separation studies of substituted polyaniline membranes［J］. Polymer preprints, 1996, 37: 670-671.

［25］ Huang M R, Li X G, Ji X L, et al. Actual air separation across multilayer composite membranes［J］. Journal of Applied Polymer Science, 2000, 77(11): 2396-2403.

［26］ Li X G, Huang M R. Multilayer ultrathin-film composite membranes for oxygen enrichment［J］. Journal of Applied Polymer Science, 1997, 66(11): 2139-2147.

［27］ Li X G, Huang M R, Hu L, et al. Cellulose derivative and liquid crystal blend membranes for oxygen enrichment［J］. European Polymer Journal, 1999, 35(1): 157-166.

［28］ Li X G, Huang M R, Gu G F, et al. Actual air separation through poly(aniline-co-toluidine)/ethylcellulose blend thin-film composite membranes［J］. Journal of Applied Polymer Science, 2000, 75(3): 458-463.

［29］ Li X G, Huang M R, Zhu L H, et al. Synthesis and air separation of soluble terpolymers from aniline, toluidine, and xylidine［J］. Journal of Applied Polymer Science, 2001, 82(4): 790-798.

［30］ 黄美荣, 李新贵, 林刚. 富氧膜性能测试新方法［J］. 塑料工业, 1993, 21(2): 49-52.

第6章 聚苯胺及其共混物的静电纺丝研究

6.1 概述

为了提高聚苯胺导电纤维的导电性能,把聚苯胺直接纺丝是最具有吸引力的方法[1-3]。聚苯胺本体纺丝法是将合成的聚苯胺溶解于溶剂中直接纺丝的方法[4],得到的纤维完全由导电聚苯胺组成,无须加入其他材料就可导电,此种方法最大的优点是纺出的聚苯胺纤维有较高的电导率,具有良好的导电性。Andreatta 等[5]将聚苯胺溶于浓硫酸中制成纺丝液,在 60 ℃下进行湿法纺丝,凝固液为冷凝水,所得纤维直径为 290 μm,杨氏模量、抗拉强度和断裂伸长率分别为 1.0 GPa,20 MPa,2.6%,电导率为 20~60 S·cm^{-1},有着优良的导电性能。采用此种方法的优点是制得的导电聚苯胺纤维有较高的电导率,但聚苯胺在普通溶剂中溶解性很差,可供选择的溶剂极少[6,7],生产工艺设备选择具有一定的局限性。由于聚苯胺溶液的稳定性较差,纺丝溶液配出后很容易产生凝胶,用其纺丝十分困难。制得的纤维的物理机械性能很差,虽具有导电性能,但根本不具有可纺性,距离织造生产防静电或电磁波纺织品还有很大的差距。

共混纺丝法是将聚苯胺与基体聚合物共同溶解于溶剂中然后进行纺丝的方法,基体聚合物的加入可以改善纤维的力学性能[8-13]。聚苯胺质量与该纤维的电导率有直接关系,聚苯胺质量增加则电导率提高,但力学性能随之下降,这也会影响纤维的纺丝效果。同时,聚苯胺在基体中的分散均匀程度、分布形态也会影响共混纤维的电导率。

　　本章在共混纺丝的基础上，采用高压静电技术进行纺丝，采用 SEM 与 Image-Pro Plus 6.0 图像分析软件进行纤维形态的表征，采用四探针法和排乙醇法测试纤维膜的电导率和孔隙率。

6.2　实验部分

6.2.1　实验试剂与仪器

主要的试剂和仪器如表 6.1 和表 6.2 所示。

表 6.1　实验试剂

名称	规格	生产厂家
苯胺	分析纯	国药集团化学试剂有限公司
丙酮	分析纯	汕头市西陇化工厂有限公司
2-甲氧基苯胺-5-磺酸	分析纯	常熟市众诚染料化工有限公司
过硫酸铵	分析纯	上海润捷化学试剂有限公司
盐酸	分析纯	上海苏懿化学试剂有限公司
氨水	分析纯	成都市科龙化工试剂厂
N-甲基吡咯烷酮	分析纯	上海顺雅化工进出口有限公司
二甲亚砜	分析纯	昆山日尔化工有限公司
二苯胺磺酸钠	分析纯	无锡市华旭化学试剂实验用品有限公司
十二烷基苯磺酸	分析纯	Aladdin chemistry co.Ltd
樟脑磺酸	分析纯	Aladdin chemistry co.Ltd
聚氧化乙烯	分析纯	日本住友商事株式会社
三氯甲烷	分析纯	南京化学试剂有限公司
N,N-二甲基甲酰胺	分析纯	上海金贸泰化工有限公司
四氢呋喃	分析纯	上海金贸泰化工有限公司

表6.2 实验仪器

实验仪器	规格	生产厂家
恒温磁力搅拌器	85-2	常州市金坛区医疗仪器厂
数控超声波清洗器	KQ-100DE	昆山市超声仪器有限公司
电子天平	DA-600	亚太电子天平厂
电热恒温鼓风干燥箱	DHG-9123A 型	上海精宏实验设备有限公司
台式电动离心机	80-2	常州市金坛区白塔金昌实验仪器厂
热分析仪	Diamond TG/DTA	美国 PE 公司
超声分散仪	KQ-100DE	昆山超声仪器有限公司
傅里叶红外光谱仪	FT-2000	美国 DIDILAB 公司
压片机	FW-4	天津天光光学仪器有限公司
尤德利数字万用表	UT70A	北京天创科仪科技有限公司
数显黏度计	DNJ-8S	上海捷沪仪器有限公司
X 射线衍射仪	XRD-6000	日本岛津公司
紫外分析光谱	U-4100	日本日立公司
数显测厚仪	BMH-J3	西安信恒检测仪器有限公司
高压静电发生器	DW-P303	天津市东文高压电源厂
微量注射泵	KDS100	美国 KD Scientific 公司
不锈钢针头	—	上海玻利鸽工贸有限公司
扫描电镜	JSM-6480	日本电子公司
四探针测试器	SDY-5	广州半导体材料研究所
全自动表面张力仪	BYZ	上海衡平仪器仪表厂
STARTER 电导率仪	3100C	美国奥豪斯仪器(上海)有限公司

6.2.2 苯胺的溶液聚合

在 500 mL 的四口烧瓶中加入 150 mL 的 1.0 mol/L 盐酸溶液,量取 15 mL 苯胺(AN)加入四口烧瓶,搅拌使苯胺完全溶解于盐酸溶液,并把烧瓶置于冰浴中。取 18.75 g 过硫酸铵(APS)溶于 150 mL 的 1.0 mol/L 盐酸,搅拌均匀后将其转移至滴液漏斗,再把过硫酸铵的盐酸溶液逐滴加入四口烧瓶,调整好流速以保证滴加时间为 30 min 左右。混合溶液在 0 ℃ 条件下搅拌反应 8 h 后,对反应溶液进行抽滤,抽滤时用大量的去离子水洗涤,再把得到的固体放入真空干燥箱于 60 ℃ 真空干燥 24 h,即得到盐酸掺杂的聚苯胺(PANI-HCl)。把上述过滤后得到的聚苯胺置于 0.5 mol/L 的氨水中处理 24 h,再用大量的去离子水洗涤抽滤,得到的固体置于真空干燥箱于 50 ℃ 真空干燥 24 h,即可得到本征态的聚苯胺(PANI-EB)。

6.2.3　静电纺丝制备纳米纤维膜

6.2.3.1　不同体系的纺丝液配制

对于纯 PANI 体系,称取 100 mg PANI-EB 加入 10 mL 氯仿中,搅拌溶解 8 h,用 0.45 μm 的过滤膜过滤后,作为备用纺丝液。纯 PAMAS 纺丝液的配制与纯 PANI 纺丝液配制过程相似,只是 PAMAS 的溶解时间仅为 2 h,并且无需后续的过滤。由于实验中单纺所采用的聚氧化乙烯(PEO)的摩尔质量($M_w = 5 \times 10^5$ g/mol)远大于 PANI 和 PAMAS,更能决定溶液的可纺性,因此探索 PEO 单独纺丝时的用量就显得很有必要。称取一定量的 PEO 加入氯仿溶剂中,然后于室温磁力搅拌 6 h,再用超声波清洗机振荡 20 min 除去少量的气泡,即得到均匀的纺丝液。

PANI/PEO 纺丝液体系的配制过程:称取一定量的 PANI-EB 和樟脑磺酸(CSA)溶于 10 mL 氯仿,搅拌使其溶解 8 h 后,用 0.45 μm 的过滤膜过滤,再加入适量的 PEO,磁力搅拌 2 h 即得到均匀的纺丝液。PAMAS/PEO 和 PASDP 与 PEO 纺丝液的配制均可省略纤维膜的过滤步骤。

6.2.3.2　静电纺丝的工艺过程

将配制好的纺丝液吸入玻璃针筒,排出气泡后将其固定在注射泵上,通过调节纺丝液中 PANI 与 PEO 质量比、纺丝电压、溶液流速、针头孔径来控制 PANI/PEO 纤维形态;通过调节纺丝液中 PEO 浓度、PEO 摩尔质量、PAMAS 浓度、纺丝液电导率和表面张力等溶液参数调控 PAMAS/PEO 纤维形态;通过调节纤维接收距离、接收装置的导电性以及滚筒的转速来控制 PAS-DP/PEO 纤维形态。由于纯 PANI 和纯 PAMAS 溶液体系的溶解度有限,因此用于直接电纺。纯 PEO 纺丝液体系则需改变 PEO 浓度来控制得到的纤维形态。

6.2.4 结构与性能表征

6.2.4.1 聚合产物的表征

(1) 固体电导率的测试

测试方法:先用数显测厚仪测试厚度 D,再用数字万用表配合导线连接成闭合回路,测试聚苯胺及其衍生物的电阻 R,然后通过电导率计算公式(6-1)计算聚苯胺及其衍生物的电导率。

$$\sigma = \frac{D}{R \cdot S} \qquad (6-1)$$

式中,σ 为电导率,$S \cdot m^{-1}$;R 为材料的电阻,Ω;D 为片材的厚度,cm;S 为片状结构的截面面积,cm^2。

(2) 溶解能力的测试

测试方法:将 1 g 待测聚苯胺及其衍生物加入 10 mL 有机溶剂中,加热至 50 ℃,恒温 1 h 并搅拌,离心分离出不溶物,将不溶物用水洗涤,干燥后称重。溶解率计算公式如下:

$$W = \frac{M_1 - M_2}{M_1} \qquad (6-2)$$

式中,M_1 为待测原料的质量,g;M_2 为未溶原料的质量,g;W 为溶解率,%。

(3) 纺丝液黏度的测试

测试方法:由于所采用电纺溶液的浓度较小,因此选用 1 号转子,转速为 60 r/min,且保持百分计标度维持在 20% ~ 90%,测试过程中要使液面没过标记。

(4) 溶液表面张力的测试

测试方法:白金板法。当感测白金板浸入纺丝液后,白金板周围就会受到表面张力的作用,液体的表面张力会将白金板尽量下拉。当液体表面张力及其他相关的力与平衡力达到均衡时,感测白金板停止下降,并显示出表面张力值。

（5）溶液电导率的测试

测试方法:两块平行的极板放入被测溶液中,在极板的两端加上一定的电势(通常为正弦波电压),然后测量极板间流过的电流。根据欧姆定律,电导率为电阻率的倒数,电阻由导体本身决定。

6.2.4.2 电纺纤维的表征

（1）纤维形态的 SEM 表征

测试方法:将试样粘附于导电胶带上,对试样进行喷金处理,然后置于仪器中进行测试,加速电压为 20,25 kV,采用 SEI 发射电子。

（2）纤维平均直径与直径分布统计

测试方法:在每个 SEM 图像中随机选取 50 根纤维,用 Image-Pro Plus 6.0 图像分析软件分析得到纤维的平均直径以及直径的分布。

（3）纤维膜孔隙率的测试

测试方法:向广口瓶中加入一定量的乙醇,将重为 M_0 的纤维膜放入瓶中,8 h 后待乙醇充分浸润纤维孔隙,称重记为 M_1,用镊子将湿的纤维膜轻轻取出,称重广口瓶记为 M_2,则纤维孔洞吸收的乙醇质量为 $M_1-M_0-M_2$。称重装满乙醇的比重瓶,记为 W_1,再将从广口瓶取出的湿纤维膜放入比重瓶,装满乙醇后称重,记为 W_2,则湿纤维膜排开的乙醇的质量为 $W_1-[W_2-(M_1-M_2)]$,纤维膜孔隙率的计算公式如下:

$$\varepsilon=\frac{(M_1-M_0-M_2)}{W_1-[W_2-(M_1-M_2)]} \tag{6-3}$$

（4）纤维膜电导率的测试

测试方法:首先用数量测厚仪测量纤维膜的厚度(W),再将样品放置在测试台上,压下探针,使样品接通电流。选择合适的电流挡,在仪器面板上选择"R_D"测量位,读取方块电阻值(R);重复 3 次,取平均值。在满足基本条件下不考虑探针间距、样品尺寸及探针在样品表面上的位置等影响。纤维膜的体积电阻率ρ($\Omega \cdot \text{cm}$)的计算公式如下:

$$\rho = \frac{RWF_{(W/S)}}{10} \tag{6-4}$$

式中,R 为方块电阻,Ω;W 为纤维膜厚度,mm;S 为探针平均间距,mm;$F_{(W/S)}$ 为厚度修正系数。

6.3   PEO 与 PANI 的静电纺丝

6.3.1   纯 PEO 的静电纺丝

图 6.1 所示为实验室静电纺丝装置。纺丝液中 PEO 的浓度及纺丝过程参数如表 6.3 所示。根据聚苯胺在不同溶剂中的溶解能力与溶剂的挥发性,选用氯仿作为 PANI-EB、PAMAS、PASDP 与 PEO 的溶剂。

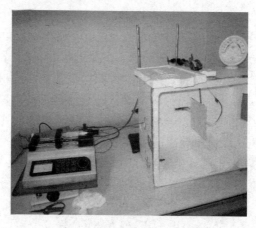

图 6.1   实验室静电纺丝装置

表 6.3　不同 PEO 浓度下的加工参数

样品编号	PEO 浓度/（mg/mL）	电压/kV	接收距离/cm	流速/（mL/h）
1	5	8	10	0.60
2	10	8	12	0.48
3	15	8	12	0.48
4	20	9	12	0.48

图 6.2 为不同 PEO 浓度纺丝液电纺后的 SEM 图。随着纺丝液中 PEO 浓度的增加，电纺纤维形态呈现出串珠、纺锤、均匀纤维的变化趋势。当 PEO 浓度为 5，10 mg/mL 时，即使调节电纺加工参数，纤维仍呈现串珠、纺锤的结构形貌，但后者的成纤能力较前者有了一定程度的提高，如图 6.2a，b 所示。当纺丝液中 PEO 的浓度提高到 15 mg/mL 时，纤维中仅有少量的纺锤结构，成纤能力大大提高，而当 PEO 浓度为 20 mg/mL 时，形成了均匀态的纺丝纤维。同时，从 SEM 图中也可以看出随着 PEO 浓度的增加不仅纤维的成纤能力提高，而且纤维的直径也会增加。

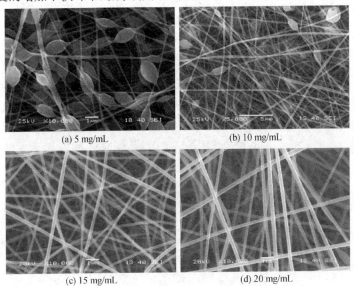

(a) 5 mg/mL　　　　　　　　(b) 10 mg/mL

(c) 15 mg/mL　　　　　　　　(d) 20 mg/mL

图 6.2　不同 PEO 浓度纺丝液电纺后的 SEM 图

当聚合物的摩尔质量固定后,溶液浓度是影响分子链缠结的决定性因素,稀溶液与浓溶液的区别在于单个高分子链线团是否孤立存在于溶剂中,线团之间是否有接触和缠结。图6.3为高分子溶液的三种不同浓度范围的预测图。在稀溶液中,分子链是孤立存在的,如图6.3a所示;随着聚合物浓度的增加,分子链间相互穿插交叠,即发生了一定程度的缠结;稀溶液与亚浓溶液的临界点为接触浓度 C^*(随着溶液浓度的增加,分子链发生接触,并随之交叠的浓度);亚浓溶液与浓溶液的临界点为缠结浓度 C_e(随着溶液浓度的进一步增加,分子链之间实现了真正的穿插交叠,并缠结到一起的浓度[14])。

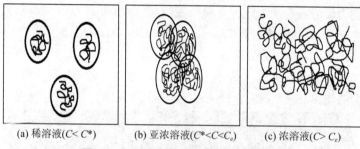

(a) 稀溶液($C < C^*$)　　　(b) 亚浓溶液($C^* < C < C_e$)　　　(c) 浓溶液($C > C_e$)

图6.3　三种不同浓度范围的高分子溶液

由于射流在电场力的拉伸过程中受力不均匀,分子链取向化协同效果不一致,因此射流中的不同部分受到的拉伸强度也不相同,这一点在电纺稀溶液时尤为明显。当纺丝液中PEO的浓度仅为5 mg/mL时,由于分子链间缺乏足够的交叠与缠结,因此部分射流不能够抵抗外加电场力的拉伸而发生断裂,同时聚合物分子链的黏弹性作用使断裂射流趋于收缩形成珠粒,这样就形成了串珠纤维结构[15]。当纺丝液中PEO的浓度提高到10 mg/mL时,射流的成纤能力进一步提高,浓度的提高进一步提高了分子链的缠结程度,更有利于射流的拉伸和取向,从而使纤维的形态由串珠过渡到纺锤结构。而当PEO的浓度达到15 mg/mL和20 mg/mL时,即形成了高分子浓溶液,这时电纺形成的射流不仅可以抵抗电场力的拉伸,而且可以形成无珠粒、纺锤结构的均匀纤维[16]。PEO 浓度的增加导致纤维直径的增加与 Munir 等[17]研究的聚乙烯吡咯烷酮(PVP)电纺体系的趋势相同。

6.3.2　纯 PANI 的静电纺丝

图 6.4 为纯聚苯胺电纺后的 SEM 图。从图中可以看出,当聚苯胺单独纺丝时,收集到的全部都是聚苯胺团聚颗粒。其主要原因是聚苯胺分子链的缠结度不足以抵抗电场力的拉伸而崩裂成小段射流,同时小段射流在聚合物分子链黏弹性和表面张力共同作用下形成聚合物液滴,溶剂挥发后即收集到团聚的颗粒[15]。

图 6.4　纯聚苯胺电纺后的 SEM 图

6.4　PANI/PEO 纤维形态的影响因素

6.4.1　PANI 与 PEO 的质量比对纤维形态的影响

由于聚苯胺在氯仿中的溶解率有限,分子链的缠结程度不够,因此要加入辅助成纤聚合物 PEO,提高纺丝液的可纺能力。图 6.5 为不同 PANI 与 PEO 质量比的 PANI/PEO 纤维的 SEM 图。从图中可以看出随着 PEO 质量的提高,纺丝液的成纤能力逐渐提高,纤维的形貌逐渐由珠粒变为串珠,而当 PANI 与 PEO 质量比为 91/9 和 87/13 时,得到了均匀纤维膜。随着 PEO 质量的增加,溶液的可纺性增加,这是因为 PEO 的摩尔质量远大于合成聚苯胺,同时 PEO 质量的增加导致溶液的黏度增加[18,19];纺丝液能够承受更大的电场力拉伸作用,射流具有较长的松弛时间,从而使缠结的分子链沿射流轴向取向,在一定程度上成功地抑制了射流中分子链的断裂,并形成了较均匀的纤维。

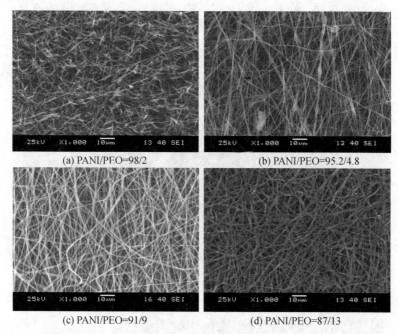

(a) PANI/PEO=98/2 (b) PANI/PEO=95.2/4.8

(c) PANI/PEO=91/9 (d) PANI/PEO=87/13

纺丝条件:电压 10 kV,接收距离 10 cm,溶液流速 0.48 mL/h,采用 6 号针。

图 6.5 不同 PANI 与 PEO 质量比的 PANI/PEO 纤维 SEM 图

图 6.6 为 PANI 与 PEO 质量比与 PANI/PEO 纤维直径的关系图。由图可知,随着 PEO 比例的增加,PANI/PEO 纤维的直径迅速增加。当 PANI 与 PEO 质量比分别为 98∶2,95.2∶4.8,91∶9 和 87∶13 时,其相应的纤维平均直径分别为 258 nm(含

有较多的纺锤体结构），437 nm，617 nm 和 660 nm。由图 6.5
和图 6.6 可知，PEO 比例的增加不仅会导致射流的成纤能力
增强，还会增加纺丝纤维的直径，这是由于 PEO 比例的增加
导致纺丝液的缠结程度增加，射流可以有效抵抗电场力的拉
伸作用，并且分子链的缠结程度越高，射流在拉伸过程中黏应
力的作用越高于电场力的作用，形成均匀纤维的同时也增加
了纤维的直径。

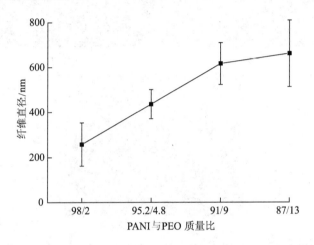

图 6.6　PANI 与 PEO 质量比与 PANI/PEO 纤维直径的关系图

6.4.2　纺丝电压对纤维形态的影响

图 6.7 为不同纺丝电压下电纺得到的 PANI/PEO（95.2/
4.8）纤维的 SEM 图。从图可以看出，纺丝电压为 10 kV 时，得
到的纤维直径分布较均匀；当纺丝电压为 12 kV 时，得到的纤维
出现较强的断丝现象，纤维直径减小的同时，其直径分布变宽；
当纺丝电压为 15 kV 时，所得到的是团聚的珠粒。随着纺丝电
压的升高，射流所携带的电荷量也随之增加，在电场中运动时受
到的电场力拉伸作用也增大，有利于纤维的细化；同时电压的升
高也会导致射流鞭化的不稳定性增加[20]，导致纤维直径分布不
均，形成直径分布较宽的纤维；当电压过高时，电场力的拉伸作

用也较大,射流的黏弹性作用不足以抵抗电场力的拉伸作用而崩裂成珠粒纤维[21]。

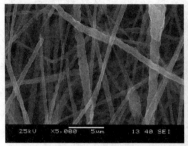

(a) 纺丝电压=10 kV　　　　　(b) 纺丝电压=12 kV

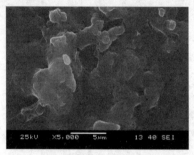

(c) 纺丝电压=15 kV

纺丝条件:接收距离 10 cm,溶液流速 0.48 mL/h,采用 6 号针。

图 6.7　不同纺丝电压条件下电纺得到的
PANI/PEO(95.2/4.8)纤维的 SEM 图

图 6.8 为不同纺丝电压下电纺得到的纤维的直径分布图。从图中可以看出,10 kV 时电纺得到的 PANI/PEO 纤维的直径分布在 300~700 nm,而 12 kV 时得到纤维的直径分布较混乱,无明显的纤维直径集中区域,但由于纺丝液的浓度较低,所以电纺得到的纤维的直径分布均较宽。

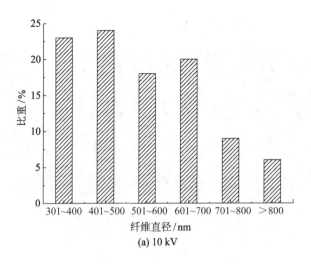

(a) 10 kV

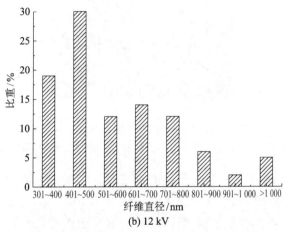

(b) 12 kV

图 6.8　不同纺丝电压下电纺得到的纤维的直径分布

6.4.3　溶液流速对纤维形态的影响

图 6.9 为不同溶液流速下电纺得到的 PANI/PEO 纤维的 SEM 图。从图中可以看到,溶液流速逐渐增大时,得到的纤维直径与分布都较均匀;当流速为 0.72 mL/h 和 0.96 mL/h 时纤维出现了一定的粘接现象,这是由于当溶液流速较快时,射流中的溶剂来不及完全挥发就沉积在接收装置上,少量的残余溶剂

会导致纤维间出现一定的粘连现象。

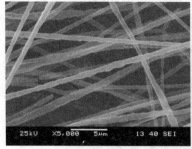

(a) 溶液流速= 0.48 mL/h

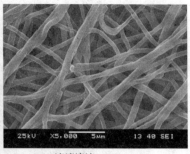

(b) 溶液流速= 0.72 mL/h

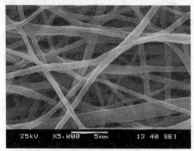

(c) 溶液流速= 0.96 mL/h

纺丝条件：PANI/PEO=87/13，纺丝电压 10 kV，接收距离 10 cm，采用 6 号针。

图 6.9　不同溶液流速下电纺得到的 PANI/PEO 纤维的 SEM 图

　　纤维的平均直径与溶液流速基本上呈线性关系，纤维直径随着溶液流速的增大而缓慢增大，如图 6.10 所示。原因是溶液流速的增加，会使从泰勒锥表面喷出的射流溶液量增加，凝固后纤维直径增加；同时射流流量的增加也会使射流携带的电荷量增加，从而使其在电场中得到更好的拉伸和细化作用，这两方面因素共同作用并控制纤维的形貌。

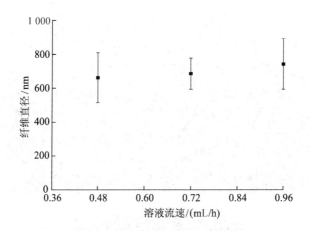

图 6.10　纤维直径与溶液流速的关系

6.4.4　针孔直径对纤维形态的影响

图 6.11 为在不同针孔直径下电纺得到的 PANI/PEO 纤维的 SEM 图。从图中可以看出,三种针孔直径下电纺得到的纤维均呈均匀态。图 6.12 是纤维直径与针孔直径的关系图,由图可见,随着针孔直径的增加,纤维的直径也逐渐增加,当针孔直径分别为 0.6,0.9,1.2 mm 时,所得纤维的平均直径分别为 617,821,843 nm。纤维直径增加主要有以下两方面的原因:一是针孔直径的增加导致喷出的射流变粗,射流具有更好的成纤能力,当溶剂挥发后得到的纤维直径也变粗;二是根据 Wang 等[22] 在研究电场强度、喷头直径以及接收距离的公式:

$$\frac{E}{E_0} \sim \left(\frac{Z}{R_0}\right)^{-1.21} \tag{6-5}$$

式中,E 为沿喷头至极板轴线方向上的电场强度;E_0 为喷头末端电场强度(由纺丝电压 U 与喷头至极板间距离 H 的比值来确定);Z 为沿喷头至极板轴线方向上的距离;R_0 为喷头半径。

随着针孔直径的增加,喷头末端的电场强度会降低。因此其他纺丝条件固定时,针孔直径的增加会导致射流受电场力的拉伸作用减小,从而使纤维直径增大。由于在不同针孔直径下得到的纤维都为均匀态,可知当纺丝液达到可纺条件时,针孔直径的增加仅会导致纤维的直径增加,而不会导致出现其他纤维形态。

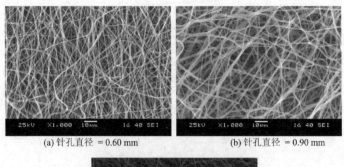

(a) 针孔直径 = 0.60 mm   (b) 针孔直径 = 0.90 mm

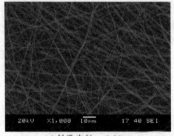

(c) 针孔直径 = 1.20 mm

纺丝条件:PANI/PEO=91/9,纺丝电压 10 kV,

接收距离 10 cm,溶液流速 0.48 mL/h。

图 6.11　在不同针孔直径下制备的 PANI/PEO 纤维的 SEM 图

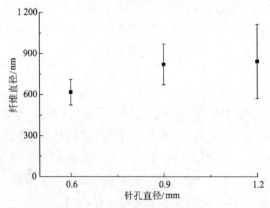

图 6.12　纤维直径与针孔直径的关系

6.5　PANI 与 PEO 的质量比对纤维膜性能的影响

6.5.1　PANI 与 PEO 的质量比对纤维膜电性能的影响

PANI/PEO 纤维膜的强度较小,若用四探针测试器直接测试将会造成膜的破坏,因此需要在探针与样品间建立电荷传输桥,即将铜线裁成 5 mm 的小段,并用导电胶固定于样品模上,铜线间距要与四探针相一致。

图 6.13 为 PANI 与 PEO 的质量比与纤维膜体积电导率的关系,当 PANI：PEO = 98：2 时,虽然导电聚苯胺的质量比较大,但纺丝液的缠结度不够,PEO 质量较小导致纤维断裂较严重,纤维中 PANI 无法形成有效的导电通路,因此纤维的导电率较低,仅为 5×10^{-5} S·cm^{-1}。而当 PANI：PEO = 95.2：4.8 时,纤维的断裂现象基本消失,仅存在少部分的纺锤结构;虽然 PANI 质量有所下降,但此时足以形成 PANI 分子链的导电通路,而且聚苯胺分子链也可以在电场力的拉伸作用下沿射流方向进行取向,使其电导率提高至 3.9×10^{-3} S·cm^{-1}。在 PANI 与

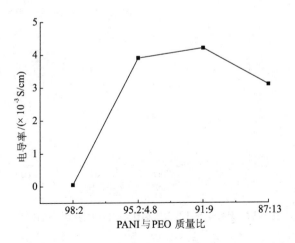

图 6.13　PANI 与 PEO 质量比与纤维膜电导率的关系

PEO 的质量比进一步下降至 91：9 时，由于完全形成了均匀态纤维，PANI/PEO 纤维膜的电导率增加至 $4.2×10^{-3}$ S・cm^{-1}。当 PANI 与 PEO 的质量比再次下降后，虽然形成了均匀的纤维态，但 PEO 的绝缘作用发挥主导作用，纤维中 PEO 含量较高使得纤维膜的电导率下降。

6.5.2　PANI 与 PEO 的质量比对纤维膜孔隙率的影响

图 6.14 为 PANI 与 PEO 质量比与纤维膜孔隙率的关系，纤维接收时间为 6 h。当 PANI：PEO＝98：2 时，由于辅助成纤聚合物 PEO 比例较小，得到的纤维膜断丝现象明显，纺锤结构较多，使纤维膜的孔隙率高达 89.1%。随着 PEO 比例的提高，射流的成纤能力增强，纺锤结构大大减少，同时纤维直径也逐渐增加，这时纤维膜的孔隙率明显降低，纤维膜较密实。当 PANI 与 PEO 质量比达到 91：9 和 87：13 时，射流的缠结足以抵抗电场力的拉伸而形成无珠粒均匀纤维膜，这时纤维膜的孔隙率主要由 PANI/PEO 纤维直径决定，纤维直径的进一步增加导致纤维膜的孔隙率进一步减小。

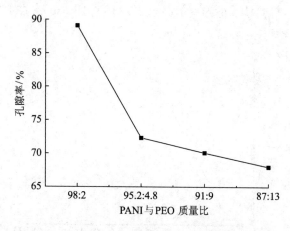

图 6.14　PANI 与 PEO 质量比与纤维膜孔隙率的关系

6.6　本章小结

本章采用静电纺丝技术分别对纯 PEO、纯 PANI 以及 PANI/PEO 进行电纺,系统地研究了不同参数对于 PANI/PEO 纤维形态的影响以及 PANI 与 PEO 质量比对纤维膜电导率与孔隙率的影响,得出如下结论:

(1) PEO 可以进行单独纺丝,浓度较大时即可形成均匀无珠粒纤维;纯聚苯胺单独电纺后得到团聚的珠粒,因此聚苯胺的静电纺丝需要加入成纤聚合物 PEO。

(2) 随着 PANI/PEO 纺丝液中 PEO 比例的增大,纺丝液的成纤能力逐渐提高,纤维的直径也增大,纤维的形态逐渐由珠粒变为串珠,而当 PANI 与 PEO 的质量比为 91∶9 和 87∶13 时,得到了均匀形态的纤维。纺丝电压的升高有利于纤维的细化,但断丝现象也增加,当纺丝电压为 15 kV 时,得到的是团聚的珠粒。纤维平均直径随溶液流速和针孔直径的增加呈小幅增大规律,当溶液流速分别为 0.72 mL/h 和 0.96 mL/h 时,纤维中出现了一定的粘接;纺丝液达到可纺要求时,针孔直径的增加仅会导致纤维直径的变化。

(3) 纤维膜的电导率受纤维形态、PANI 与 PEO 质量比的共同制约,纤维膜的电导率随 PANI 与 PEO 质量比的增加呈先增大后减小的趋势,当 PANI∶PEO=91∶9 时,纤维膜的电导率达到 4.2×10^{-3} S·cm^{-1}。纤维膜的孔隙率主要受纤维形态和纤维直径的制约,当 PANI∶PEO=98∶2 时,纤维膜的孔隙率高达 89.1%,纤维膜的孔隙率则随 PEO 比例的提高而显著降低。

参考文献

[1] Shahi M, Moghimi A, Naderizadeh B, et al. Electrospun PVA-PANI and PVA-PANI-AgNO₃ composite nanofibers

　　　　［J］. Scientia Iranica,2011,18(6)：1327-1331.

［ 2 ］Yu Q Z, Shi M M, Deng M, et al. Morphology and conductivity of polyaniline sub-micron fibers prepared by electrospinning［J］. Materials Science and Engineering B, 2008,150(1)：70-76.

［ 3 ］Srinirasan S S, Ratnadurai R, Niemann M U, et al. Reversible hydrogen storage in electrospun polyaniline fibers ［J］. International Journal of Hydrogen Energy, 2010, 35 (1)：225-230.

［ 4 ］罗美香,刘维锦. 纺丝成形条件对 PANI 导电纤维性能的影响［J］. 广东化纤,2002(2)：1-5.

［ 5 ］Andreatta A,Cao Y,Chiang J C,et al. Solution processing of polyaniline［J］. Polymer Preprints,1987,30：149-150.

［ 6 ］周兆懿,赵亚萍,蔡再生. 原位聚合法制备涤纶/PANI 复合导电织物［J］. 印染,2009,35(5):1-5.

［ 7 ］耿延侯,李季,王献红,等. 全溶性不同摩尔质量 PANI 及其衍生物的制备:中国,CN1141310A［P］.1997-01-29.

［ 8 ］Norris I D, Shaker M M, Ko F K, et al. Electrostatic fabrication of ultrafine conducting fibers：polyaniline/polyethylene oxide blends［J］. Synthetic Metals,2000,114 (2)：109-114.

［ 9 ］Li P, Li Y, Ying B Y, et al. Electrospun nanofibers of polymer composite as a promising humidity sensitive material ［J］. Sensors and Actuators B,2009,141(2)：390-395.

［10］Shin M K,Kim Y J,Kim S I,et al. Enhanced conductivity of aligned PANI/PEO/MWNT nanofibers by electrospinning ［J］. Sensors and Actuators B,2008,134(1)：122-126.

［11］陈勇,熊杰,常怀云. PANI-DBSA 对静电纺 PAN 纳米纤维直径的影响［J］. 纺织学报,2010,31(7)：16-20.

［12］Dong H,Nyame V,Macdiarmid A G,et al. Polyaniline/poly

(methyl methacrylate) coaxial fibers: The fabrication and effects of the solution properties on the morphology of electrospun core fibers [J]. Journal of Polymer Science, Part B: Polymer Physics,2004,42(21): 3934-3942.

[13] Shahi M, Moghimi A, Naderizadeh B, et al. Electrospun PVA-PANI and PVA-PANI-AgNO$_3$ composite nanofibers [J]. Scientia Iranica,2011,18(6): 1327-1331.

[14] Lee J W, Kang H C, Shim W G, et al. Heterogeneous adsorption of activated carbon nanofibers synthesized by electrospinning polyacrylonitrile solution [J]. Journal of Nanoscience and Nanotechnology, 2006, 6 (11): 3577 - 3582.

[15] Lin J Y, Ding B, Yu J Y, et al. Direct fabrication of highly nanoporous polystyrene fibers via electrospinning[J]. ACS Applied Materials and Interfaces,2010,2(2): 521-528.

[16] Zong X H, Kim K, Fang D F, et al. Structure and process relationship of electrospun bioabsorbable nanofiber membranes[J]. Polymer,2002,43(16): 4403-4412.

[17] Munir M M, Suryamas A B, Iskandar F, et al. Scaling law on particle-to-fiber formation during electrospinning [J]. Polymer,2009,50(20): 4935-4943.

[18] Yu J H, Fridrikh S V, Rutledge G C. The role of elasticity in the formation of electrospun fibers[J]. Polymer, 2006, 47 (13): 4789-4797.

[19] Baumgarten P K. Electrostatic spinning of acrylic microfibers[J]. Journal of colloid and interface science, 1971,36(1): 71-79.

[20] Deitzel J M, Kleinmeyer J, Harris D, et al. The effect of processing variables on the morphology of electrospun nanofibers and textiles[J]. Polymer, 2001, 42 (1): 261 -

272.

[21] Teeradech J, Walaiporn H, Sujinda J, et al. Effect of solvents on electrospinnability of polystyrene solutions and morphological appearance of resulting electrospun polystyrene fibers [J]. European Polymer Journal, 2005, 41 (3): 409-421.

[22] Wang C, Chien H S, Hsu C H, et al. Electrospinning of polyacrylonitrile solutions at elevated temperatures [J]. Macromolecules, 2007, 40(22): 7973-7983.

第7章 聚苯胺衍生物的静电纺丝研究

7.1 概述

由于聚苯胺具有良好的环境稳定性、高电导率、价格便宜及易用化学法或电化学法合成等特点,使它成为研究最热门的共轭导电聚合物之一。但因其共轭的主链结构,使得它难溶于常用的有机溶剂及与其他聚合物相容性差,因而难以加工,应用受到极大的限制[1-4]。

为了提高聚苯胺的加工性能,以功能有机酸为掺杂剂,如对甲苯磺酸[5]、十二烷基苯磺酸[6,7]、樟脑磺酸[8,9]、聚苯乙烯磺酸[10]。经过有机酸的掺杂,聚苯胺的溶解性得到了一定改善。由于在刚性的主链结构中引入长链烷烃或者芳香烃,使聚苯胺易溶于亲油性溶剂,同时也提高了它与其他聚合物的相容性。但是这种方法存在一个问题,那就是外部掺杂剂与聚合物主链之间的相互作用比较弱,容易被破坏。

现在,功能取代基引入聚苯胺骨架的这种方法已付诸实践,通常有三种方法,即预改性聚苯胺,苯胺衍生物的均聚及苯胺与取代苯胺的共聚。取代功能基包括烷基、烷氧基、磺酸基、烷氧磺酸基、羧酸基[11-14]。这些基团虽然可以减弱链间的相互作用,并因与溶剂和聚合物之间的相互作用导致聚苯胺中苯环平面发生扭曲,使得共轭程度下降,自由电子的离域程度减弱,定域性增强,很好地改善聚苯胺的溶解性能,但电导率的损失较大。

本章采用两种不同的共聚衍生物与 PEO 进行共混电纺,并且针对溶液参数、加工参数对于纤维形态的影响进行了深入的分析,同时对相应的纤维膜的性能进行了测试分析。

7.2　共聚衍生物的合成

7.2.1　苯胺与2-甲氧基苯胺-5-磺酸的共聚

量取 4.56 mL 苯胺,将其溶于 90 mL 的 1.0 mol/L 盐酸,搅拌均匀后将溶液转移至 250 mL 的三口烧瓶中。称量 10.15 g 2-甲氧基苯胺-5-磺酸(MAS),分批加入烧瓶中,在磁力搅拌条件下至形成均匀溶液。称取 11.4 g 过硫酸铵,将其溶于 60 mL 的 1.0 mol/L 盐酸,待搅拌均匀后,将其转移至滴液漏斗,使溶液逐滴加入苯胺的盐酸溶液中,调节流速,使滴加时间维持 30 min 左右。室温搅拌反应 8 h 后,对反应溶液进行抽滤,抽滤时用大量的去离子水洗涤,再把得到的固体放入真空干燥箱于 50 ℃真空干燥 24 h,即得到盐酸掺杂的苯胺/2-甲氧基苯胺-5-磺酸共聚物(PAMAS-HCl)。把上述过滤后得到的产物置于 0.5 mol/L 的氨水中处理 24 h,再用大量的去离子水洗涤抽滤,得到的固体置于真空干燥箱于 50 ℃真空干燥 24 h,即可得到去掺杂的 PAMAS。

7.2.2　苯胺与二苯胺磺酸钠的共聚

量取 3.36 mL 苯胺,将其溶于 80 mL 的 1.0 mol/L 盐酸,搅拌均匀后,将溶液转移至 250 mL 的三口烧瓶中。称量 10 g 二苯胺磺酸钠(SDP),分三次加入烧瓶中,在磁力搅拌条件下至形成均匀溶液。称取 8.43 g 过硫酸铵,将其溶于 50 mL 的 1.0 mol/L 盐酸,待搅拌均匀后,将其转移至滴液漏斗中,使溶液逐滴加入苯胺的盐酸溶液中,调节流速,使滴加时间维持 30 min 左右。室温搅拌反应 8 h 后,对反应溶液进行抽滤,抽滤时用大量的去离子水洗涤,再把得到的固体放入真空干燥箱于 50 ℃真空干燥 24 h,即得到盐酸掺杂的苯胺/二苯胺磺酸钠共聚物(PASDP-HCl)。把上述过滤后得到的产物样品置于 0.5 mol/L 的氨水中

处理 24 h,再用大量的去离子水洗涤抽滤,得到的固体置于真空
干燥箱于 50 ℃真空干燥 24 h,即可得到去掺杂的 PASDP。

7.3 纯 PAMAS 的静电纺丝

去掺杂态的苯胺与 2-甲氧基苯胺-5-磺酸共聚物(PAMAS)
的溶解效果较本征态聚苯胺(PANI-EB)有了很大的提高,室温
下 PANI-EB 在氯仿中的最大溶解度仅为 10 mg/mL,但室温下
去掺杂 PAMAS 在氯仿中的最大溶解度可达 192 mg/mL,溶解性
能改善后更有利于提高纤维中导电聚合物的含量。

图 7.1 为两种不同浓度的纯 PAMAS 电纺纤维的 SEM 图。
由图 7.1a 可以看出,由于溶解度较低,纺丝液的浓度不够,分子
链间的缠结程度不足以抵抗电场力的拉伸作用,因此电纺过程
中在电场力和表面张力的共同作用下生成团聚的珠粒,从本质
上讲珠粒现象与聚合物黏弹性引起的瑞利不稳定性有关[15,16]。
纺丝液中 PAMAS 的浓度提高到 12 mg/mL 时,虽然浓度仍未达
到纺丝的要求,如图 7.1b 所示,得到的大多仍是珠粒结构,但可
以清晰看到存在少量成纤现象,这说明共聚物浓度的提高有助
于提高射流的成纤能力。

(a) 8 mg/mL   (b) 12 mg/mL

纺丝条件:电压 6 kV,接收距离 10 cm,流速 0.60 mL/h。

图 7.1 纯 PAMAS 电纺纤维的 SEM 图

7.4 溶液参数对 PAMAS/PEO 纤维形态的影响

7.4.1 PEO 浓度对纤维形态的影响

根据前期的实验结果可知 PEO 在氯仿溶剂中可以独立成纤，PAMAS 的电纺仍采用氯仿作为溶剂主要基于以下两个原因：一是 PAMAS 在氯仿中的溶解性较好，可以提高纤维中导电聚合物的含量；二是氯仿的沸点较低，便于射流的固化成纤。

固定纺丝液中 PAMAS 的浓度，改变 PEO 的浓度进行电纺，得到的纤维的 SEM 图如图 7.2 所示，详细参数见表 7.1。图 7.2a 中由于纺丝液的浓度还未达到均匀成纤的浓度，即由分子链的缠结程度理论可知，分子链间的缠结程度未达到电场力拉伸的要求[17]，因此仍存在少量的纺锤结构，但相比 6.3.1 节中 PEO 浓度为 10 mg/mL 的单独纺丝效果来看，其成纤能力已有较大程度的提高，这说明衍生物的加入有助于射流的成纤。而当聚合物的溶液浓度高于某一临界浓度后，分子链间的缠结足以抵抗电场力的拉伸，并且分子链运动具有较长的松弛时间，缠结的分子链沿射流轴向取向有效地抑制了射流中分子链的断裂，因此得到了连续的纤维，如图 7.2b,c,d 所示。

表 7.1 不同 PEO 浓度下的溶液参数与加工参数

编号	溶液参数			加工参数		
	PAMAS 浓度/ (mg/mL)	PEO 浓度/ (mg/mL)	CSA 浓度/ (mg/mL)	电压/ kV	接收距离/ cm	溶液流速/ (mL/h)
1	14	8	7	12	15	0.6
2	14	10	7	12	15	0.6
3	14	12	7	12	15	0.6
4	14	14	7	12	15	0.6

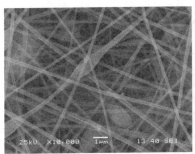
(a) C_{PAMAS}=14 mg/mL, C_{PEO}=8 mg/mL

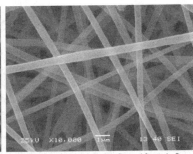
(b) C_{PAMAS}=14 mg/mL, C_{PEO}=10 mg/mL

(c) C_{PAMAS}=14 mg/mL, C_{PEO}=12 mg/mL

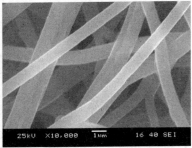
(d) C_{PAMAS}=14 mg/mL, C_{PEO}=14 mg/mL

图 7.2　不同 PEO 浓度下 PAMAS/PEO 纤维的 SEM 图

纺丝液浓度的提高不仅促使射流的成纤能力提高,而且电纺得到的纤维的直径也呈现递增趋势。图 7.3 为 PAMAS 浓度固定时,PEO 浓度与纤维直径的关系图。一些研究者认为,静电纺纤维直径与聚合物溶液浓度之间存在幂指数关系,纤维直径与聚合物浓度百分数的三次方呈正相关[18,19],但这种关系式仅适用于他们研究的聚合物单纺体系。在本实验中,由图 7.3 可以看出 PEO 浓度与复合纤维的直径呈线性递增关系。

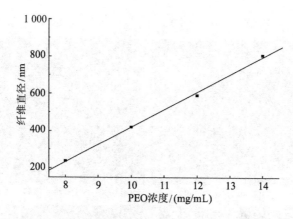

图 7.3 PAMAS/PEO 纤维直径与 PEO 浓度的关系

7.4.2 PEO 摩尔质量对纤维形态的影响

聚合物摩尔质量是影响溶液静电纺丝的一个重要参数,因为它直接影响溶液的流变性能和电学性质,如溶液黏度、电导率等。小分子溶液不能用于静电纺丝,若要通过静电纺丝制备纤维,所用的聚合物必须具有一定的摩尔质量,这样才能保证聚合物溶解后的纺丝液具有一定的黏度,否则就是静电雾化过程,得到的是气溶胶或聚合物珠粒。聚合物摩尔质量能直观地反映分子链的长度,摩尔质量较大说明其分子链比较长,而分子链较长意味着聚合物溶解后其分子链更容易缠结,可增加纺丝液的黏度。固定 PAMAS 浓度和 PEO 浓度,改变 PEO 的摩尔质量进行电纺,得到的纤维的 SEM 图如图 7.4 所示,详细参数见表 7.2。

表 7.2 摩尔质量不同的 PEO 的溶液参数与加工参数

编号	溶液参数					加工参数		
	PAMAS 浓度/ (mg/mL)	PEO 浓度/ (mg/mL)	PEO 摩尔质量/ (g/mol)	CSA 浓度/ (mg/mL)	溶液 黏度/ cP	电压/ kV	接收 距离/ cm	溶液 流速/ (mL/h)
1	12	10	5×10^5	6	24	10	12	0.6
2	12	10	10^6	6	37	12	15	0.6
3	12	10	2×10^6	6	52	12	15	0.6

(a) PEO(M_w=5×10^5 g/mol), η=24 cP　　　(b) PEO(M_w=10^6 g/mol), η=37 cP

(c) PEO(M_w=2×10^6 g/mol), η=52 cP

图 7.4　不同 PEO 摩尔质量下 PAMAS/PEO 纤维的 SEM 图

由图 7.4a 可以看出,纤维的形态不均匀,且纤维中存在一些纺锤结构。这是由于电纺时使用的 PEO 的摩尔质量较低,导致混合纺丝液的黏度未达到能形成均匀纤维的程度,其中部分射流无法很好地抵抗电场力的拉伸而取向,再加上电场力作用的不均一性,因此得到了不均匀且含有一些纺锤的纤维[20]。其他参数固定,摩尔质量提高后,纺丝液的黏度提高,分子链间的缠结足以抵抗电场力的拉伸并沿其方向取向,因此得到了均匀形态的纤维[21],如图 7.4b,c 所示。实际上聚合物浓度、摩尔质量的影响归根结底为纺丝液黏度的影响,摩尔质量大的聚合物,即使在较低的浓度下仍可达到纺丝所需的黏度。从图 7.5 可以看出,电纺纤维直径随 PEO 摩尔质量的增加线性增大。

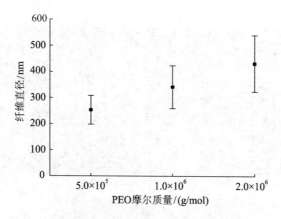

图 7.5 PAMAS/PEO 纤维直径与 PEO 摩尔质量的关系

为了进一步证明摩尔质量的提高可以提高分子链的缠结程度,同时提高纺丝液的成纤能力的说法[22],保持电纺的加工参数恒定,采用摩尔质量较高,但浓度较小的 PEO 进行静电纺丝。图 7.6 是较低浓度的 PEO 静电纺丝的 SEM 图。从图中可以看出,虽然 PEO 浓度降低了,但浓度仅为 5 mg/mL 的 PEO($M_w = 2×10^6 g/mol$)的成纤能力要高于浓度为 7 mg/mL 的 PEO($M_w = 10^6 g/mol$),前者电纺后得到的是无纺锤的均匀纤维,而后者电纺得到的纤维中则含有少量的纺锤结构,其原因可归结为前者的纺丝液黏度大于后者,具有更好的缠结度,更有利于射流在拉伸过程中的取向。

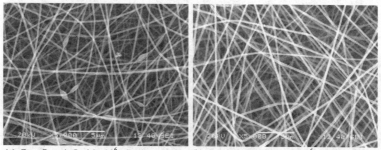

(a) $C_{PEO}=7$ mg/mL, $M_w=10^6$ g/mol, $\eta=28$ cP (b) $C_{PEO}=5$ mg/mL, $M_w=2×10^6$ g/mol, $\eta=31$ cP

纺丝条件:PAMAS 12 mg/mL,电压 12 kV,接收距离 15 cm,流速 0.60 mL/h。

图 7.6 较低浓度的 PEO 静电纺丝的 SEM 图

聚合物的摩尔质量所反映的是纺丝液中分子链的缠结度，即使纺丝液中 PEO 浓度降低，但 PEO 摩尔质量较大时，整体上的缠结度仍可以达到电场力的拉伸要求，所以分子链的缠结程度也是决定射流可纺与否的一个重要因素，缠结程度的提高不仅可以提高射流的成纤能力，也会抑制表面张力的作用，更有助于形成均匀的无珠粒纤维[23]。总的来说，聚合物摩尔质量较高时，即使纺丝液浓度极低，也可以形成均匀的纤维。

7.4.3 PAMAS 浓度对纺丝液电导率与表面张力的影响

由于 PAMAS 是导电聚合物，其浓度的变化会导致纺丝液电导率的改变。一般条件下，少量盐的添加就可以大大提高溶液的电导率，但 PAMAS 本身的电导率较低，对于溶液的电导率贡献不大。图 7.7 为 PAMAS/PEO 纺丝液电导率和表面张力随 PAMAS 浓度变化的规律，当 PAMAS 浓度在 10~16 mg/mL 范围内变化时，纺丝液的电导率上升较慢，而当纺丝液中 PAMAS 浓度超过16 mg/mL 后，纺丝液的电导率大幅度提高，纺丝液电导率可以直接影响纤维的形态[24]。

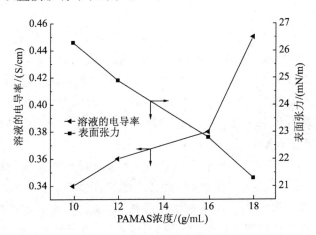

图 7.7 纺丝液电导率和表面张力与 PAMAS 浓度的关系

若要保证电纺过程顺利进行,就必须使聚合物溶液所受到的电场力大于其表面张力。表面张力的作用表现为使液面收缩,再加上射流的轴向瑞利不稳定性的作用,表面张力更倾向于使射流转变为液滴,这就导致接收纤维中珠粒或纺锤结构的形成。由图 7.7 可看出,PAMAS 浓度的增加使得纺丝表面张力呈小幅度减小的规律。因此,得出 PAMAS/PEO 纺丝液中 PAMAS 浓度的增加既提高了纺丝液的电导率,又降低了纺丝液的表面张力,这两方面因素都有利于均匀结构的形成。

7.4.4　PAMAS 浓度对纤维形态的影响

由于去掺杂 PAMAS 的溶解性较 PANI-EB 有了较大程度的提高,因此讨论衍生物浓度的变化对于纤维形态的影响就很有必要了。PAMAS 溶解性的提高,不仅可以提高纺丝液中导电聚合物的浓度,而且溶解速度也较聚苯胺有了很大程度的提高。在聚苯胺纺丝液的配制过程中,聚苯胺在氯仿中溶解要持续搅拌 6 h,并且过滤时仍有少量的不溶物存在,这样不能精确地控制纺丝液中聚苯胺的浓度。而 PAMAS 的溶解过程仅需要 2 h,在用 0.45 μm 的过滤头过滤后,基本不存在不溶物。

图 7.8 为不同 PAMAS 浓度的纺丝液电纺后得到的 PAMAS/PEO 纤维的 SEM 图,详细参数见表 7.3。从图中可以看出,改变纺丝液中 PAMAS 的浓度后,纺丝液的成纤能力与 PEO 的单独成纤能力趋势相同,随着纺丝液中 PAMAS 浓度的增加,成纤效果变好,只不过 PAMAS 的摩尔质量较小,对纺丝液的黏度贡献较小,对于纤维直径增加的贡献不如 PEO 大。图 7.9 为不同 PAMAS 浓度的 PAMAS/PEO 静电纺丝膜的纤维直径分布图。由图 7.9 可以看出,纤维的直径变化趋势犹如抛物线,即纤维的平均直径先增加后减小,随着纺丝液浓度的增加,纤维直径呈现出较均匀的分布,四张纤维直径分布图均符合正态分布。

(a) C_{PAMAS}=10 mg/mL, C_{PEO}=10 mg/mL　　(b) C_{PAMAS}=12 mg/mL, C_{PEO}=10 mg/mL

(c) C_{PAMAS}=16 mg/mL, C_{PEO}=10 mg/mL　　(d) C_{PAMAS}=18 mg/mL, C_{PEO}=10 mg/mL

图 7.8　不同 PAMAS 浓度的纺丝液电纺后得到的 PAMAS/PEO 的 SEM 图

表 7.3　不同 PAMAS 浓度下的溶液参数与加工参数

编号	溶液参数			加工参数		
	PAMAS 浓度/ (mg/mL)	PEO 质量/mg (M_w = 10^6 g/mol)	CSA 浓度/ (mg/mL)	电压/ kV	接收距离/cm	溶液流速/ (mL/h)
1	10	100	5	8	12	0.6
2	12	100	6	10	12	0.6
3	16	100	7	12	15	0.6
4	18	100	8	12	15	0.6

　　PAMAS 属于导电聚合物,导电聚合物在纺丝液中浓度的变化很有可能会对射流的成纤能力和纤维形态产生一定的影响。对此,这里做出两种假设。假设一:把导电的衍生物视为无机

盐,在大多数情况下,盐在静电纺丝液中起到增加溶液电导率的作用,盐的添加有利于纤维直径的减小,同时会降低纤维中珠粒的数量和溶液的最低可纺浓度[25]。提高溶液的电导率,会导致射流表面的电荷密度增加,受到的电场力拉伸作用较大,而此时射流的轴向鞭动不稳定性居于主导地位,降低纤维直径的同时会使纤维的直径分布变宽。在 PAMAS/PEO 静电纺丝膜的纤维直径分布图中(图 7.9),纺丝液中 PAMAS 的质量分数分别为 0.66%,0.79%,0.93%,1.06%,一般情况下,无机盐的添加量小于 2%时可以引起纤维直径的显著减小,但图 7.9 显示纤维直径变化呈抛物线规律。

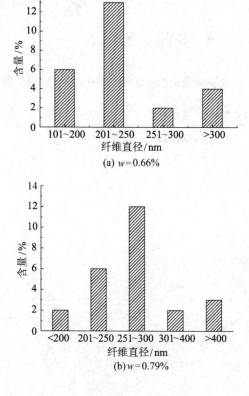

(a) $w=0.66\%$

(b) $w=0.79\%$

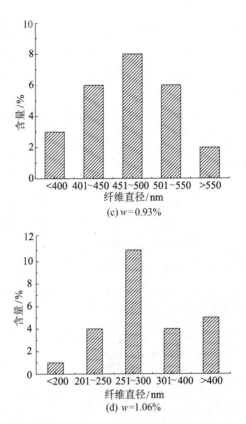

(c) $w=0.93\%$

(d) $w=1.06\%$

图 7.9　不同 PAMAS 浓度下 PAMAS/PEO 静电纺丝膜的纤维直径分布图

　　假设二:把导电的 PAMAS 视为一种聚电解质(聚电解质是指结构单元上含有能够电离的基团),将其添加到溶液中能够增加溶液的电导率。在纺丝液中添加少量的聚电解质,就可以大幅度地提高溶液的电导率,同时溶液的黏度和表面张力基本维持恒定,从而导致纤维直径的减小和直径分布变窄。但此条假设仍存在两种弊端:一是 PAMAS 浓度的增加应该导致纤维直径逐渐变小,即使衍生物添加量较大时增加了溶液的浓度,纤维直径的变化趋势也应为先变小后变大,这均与实测不符;二是 PAMAS 虽为导电聚合物,但其固态的电导率较低,即使掺杂态的产物溶解后对纺丝液的电导率贡献也较小,无法达到聚电解质的要求。

因此,在前两种假设的基础上提出了第三种假设。假设三:虽然PAMAS的导电率较低,溶于氯仿中对于溶液的电导率贡献也较小,但可呈现以下变化趋势。当PAMAS浓度在10~16 mg/mL变化时,PAMAS的浓度影响高于其对于溶液电导率的贡献,这样不仅可以提高成纤能力,也会导致纤维的直径增加。当PAMAS浓度为18 mg/mL时,纺丝液中可以形成PAMAS的导电通路,这种导电通路的导电能力远低于三维导电网络的导电能力,但仍可以形成确定的几条一维通路或二维结构的导电通路,这时电导率的影响要大于PAMAS浓度,电导率的提高不仅可以降低溶液的可纺浓度、提高射流的成纤能力,还可以细化纤维的直径,因此称PAMAS浓度为18 mg/mL的情况为临界状态,图7.10为导电通路形成的示意图。

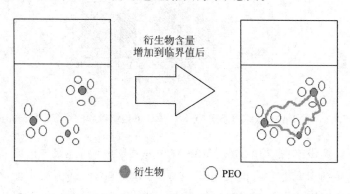

图7.10　导电通路形成示意图

7.5　PAMAS与PEO的质量比对纤维膜性能的影响

7.5.1　PAMAS与PEO的质量比对纤维膜电性能的影响

由于电纺接收到的纤维膜都是经过干燥的,氯仿溶剂充分挥发,因此,纤维中导电聚合物的比例对于纤维电性能的影响尤为重要,PAMAS 的比例在一定程度上决定着纤维膜的电性能。

相对于 PANI,PAMAS 在氯仿中具有更高的溶解率,可以大大提高纤维中导电聚合物的质量。图 7.11 为纤维膜电导率与纤维平均直径随 PAMAS 与 PEO 质量比的变化规律。为了得到均匀态的纤维膜,电纺时 PEO 的比例较 PANI/PEO 体系提高,再加上 PAMAS 本身的电导率较低,因此 PAMAS/PEO 纤维膜的电导率仍较低。纤维膜的电导率随 PAMAS 比例的增加逐渐提高,当 PAMAS 与 PEO 的质量比为 64.3∶35.7 时,纤维膜的电导率仅为 $4.5×10^{-6}$ S・cm^{-1},较 PANI/PEO 纤维膜的电导率低了三个数量级;虽然纤维平均直径的变化规律为先增大后减小,但这种规律对于纤维膜电导率的贡献不大。由此可知,在均匀纤维中,最能决定纤维膜电导率的因素为导电聚合物的比例,由于该体系电纺制得的纤维都呈均匀态,因此并未出现由形态变化造成电导率变化较大的情况,即该体系的纤维膜电导率变化较平稳。

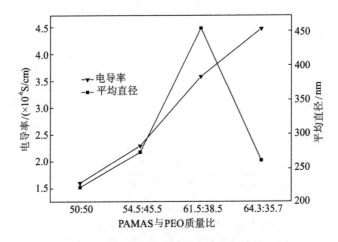

图 7.11 PAMAS/PEO 纤维膜电导率、纤维平均直径与 PAMAS/PEO 质量比的关系

7.5.2 PAMAS 与 PEO 的质量比对纤维膜孔隙率的影响

图 7.12 为 PAMAS/PEO 纤维膜孔隙率与纤维平均直径随

PAMAS 与 PEO 质量比的变化规律。相对于 PANI/PEO 电纺体系,该体系的孔隙率明显提高,原因可归结为该体系的纤维接收时间较短(为 3 h),当纤维接收时间固定时,孔隙率的重要影响因素即为纤维形态,由于 PAMAS/PEO 纤维体系均为均匀形态,因此纤维直径成为孔隙率的主要影响参数。纤维直径随 PAMAS 与 PEO 质量比的增大先增大后减小,PAMAS 与 PEO 质量比为 50:50 时,纤维的平均直径为 221 nm,这时纤维膜的孔隙率为 83.0%;而当 PAMAS 与 PEO 质量比为 61.5:38.5 时,纤维的平均直径达到最大值 456 nm,与其对应纤维膜的孔隙率最小为 80.0%;PAMAS 的比例进一步升高后纤维的平均直径减小,对应纤维的孔隙率提高至 82.3%。由此可知,虽然纤维直径对纤维膜的孔隙率有影响,但当直径变化不大时,直径因素对于孔隙率的影响也有限。

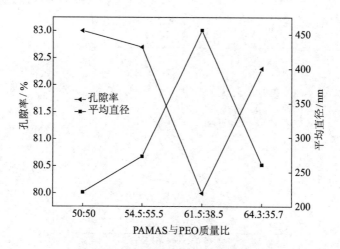

**图 7.12 PAMAS/PEO 纤维膜孔隙率、
纤维平均直径与 PAMAS/PEO 质量比的关系**

综上可知,当纤维接收时间一定、纤维形态均匀时,PAMAS/PEO 纤维膜孔隙率与纤维平均直径呈反比例关系,纤维直径越大,纤维间出现孔的概率越小,得到的纤维膜较致密,纤维直径越小,纤维间的孔越多,导致纤维膜的孔隙率增加,但当纤维呈均匀态、纤维直径变化较小时,纤维膜的孔隙率变化不明显。

7.6　加工参数对 PASDP/PEO 纤维形态的影响

7.6.1　接收距离对纤维形态的影响

静电纺丝过程中,纤维的接收距离直接影响电场强度,进而影响射流在电场中的拉伸程度和飞行时间,同时纤维接收距离的长短也会影响射流的固化。图 7.13 为电场分布示意图。

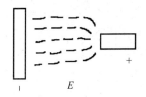

图 7.13　电纺过程中电场示意图

纤维的接收距离对于得到的纤维直径具有双重影响,改变纤维的接收距离,直接影响电场强度和射流中溶剂的挥发固化。表 7.4 为不同接收距离下制备 PASDP/PEO 纤维膜的溶液参数与加工参数。

表 7.4　不同接收距离下的溶液参数与加工参数

编号	溶液参数			加工参数		
	PASDP 质量/mg	PEO 质量/mg ($M_w = 10^6$ g/mol)	CSA 质量/mg	电压/ kV	接收距离/ cm	溶液流速/ (mL/h)
1	150	90	75	12	9	0.6
2	150	90	75	12	12	0.6
3	150	90	75	12	18	0.6
4	150	90	75	12	20	0.6
5	150	90	75	12	23	0.6

图 7.14 为 PASDP/PEO 纤维直径与接收距离的变化关系,

图 7.15 为不同接收距离下电纺得到的 PASDP/PEO 纤维的 SEM 图。

从图 7.14 可以看出,纤维的直径随接收距离的增加呈现抛物线的规律变化,即先增加后减小。由于本体系使用的纺丝液的浓度均可达到可纺的要求,分子链的缠结程度足以抵抗电场力的拉伸而取向,从而形成较均匀的纤维形态,因此接收距离的变化大多情况下只改变纤维的直径,即当纺丝液达到可纺程度时,纤维的接收距离在 9~23 cm 范围变化,仅会导致纤维直径的改变,且仅在接收距离过大或过小时,才出现少量的纺锤结构。

从图 7.15 可以看出,当接收距离超过 18 cm 时,纤维的直径表现出减小的规律。其原因可归结为:当纤维的接收距离持续增大时,虽然电场力进一步减小,但在接收距离内可以使射流中的溶剂完全挥发,射流可以在电场中进行充分的拉伸、取向,使纤维的直径减小。当电纺的接收距离较长或是较短时,纤维中都会出现一些纺锤结构,其原因可归结为:当接收距离为 9 cm 时,电场力的拉伸作用影响较大,当部分射流不能很好地抵抗电场力拉伸而进行取向时,就容易形成纺锤结构;而当接收距离大于 20 cm 时,由于氯仿易挥发,所以其还未到达接收装置时就已固化,这样在电场力的拉伸作用下就容易造成纤维的飘散,出现少量的纺锤结构。

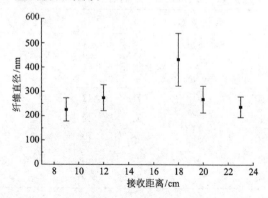

图 7.14 PASDP/PEO 纤维直径与接收距离的变化关系

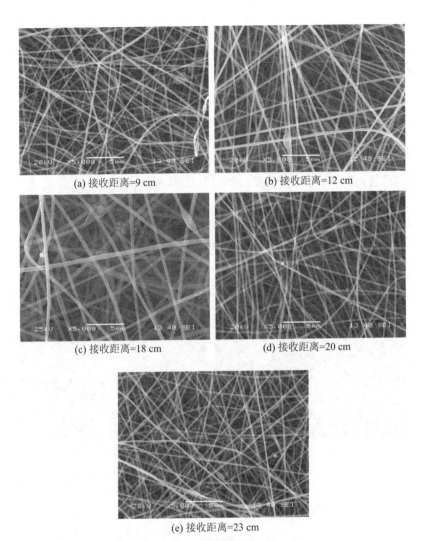

(a) 接收距离=9 cm　　　　(b) 接收距离=12 cm

(c) 接收距离=18 cm　　　　(d) 接收距离=20 cm

(e) 接收距离=23 cm

图 7.15　不同接收距离下电纺得到的 PASDP/PEO 纤维的 SEM 图

7.6.2　接收装置对纤维形态的影响

7.6.2.1　接收装置的导电性对纤维形态的影响

静电纺丝过程中,带电射流在高压电场的拉伸作用下,由喷丝头飞向纤维接收装置。聚合物纤维的残余电荷消散会影响沉积纤维的形态,从而表现出不同的排列方式。若使用的接收装置为导电材料,如铝箔、钢板等,则能保证喷头与接收装置之间形成稳定的电场。

图 7.16 为应用不同接收装置得到的 PASDP/PEO 纤维的 SEM 图,纤维的沉积时间相同。两种接收方式得到的纤维膜,经孔隙率测试,分别为 93.5% 和 78.1%。当纤维的接收装置为导电材料(如铝箔)时,可以使积聚在接收纤维上面的残余电荷迅速地转移,纤维堆积密度增加;非导电接收装置(如非织造布)的纤维堆积密度往往比导电接收装置的纤维堆积密度低,其原因是非导电接收装置上的纤维间的残余电荷难以消散,使得沉积纤维与待沉积纤维间的电荷斥力作用明显,纤维间的空隙较大。

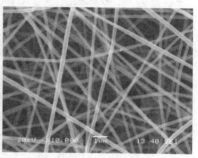

(a) 非织造布包覆铝箔接收　　　　　　　(b) 铝箔接收

纺丝条件:PASDP 浓度 8 mg/mL,PEO 浓度 8 mg/mL,

电压 10 kV,溶液流速 0.48 mL/h。

图 7.16　应用不同接收装置得到的 PASDP/PEO 纤维的 SEM 图

7.6.2.2　滚筒转速对纤维形态的影响

大多数纤维以无纺织物形式得到,其应用范围相对较小。若用传统纤维和纺织工业的观点去理解纳米纤维时,只有获得单根纳米纤维或单轴纤维束时,才能认为纳米纤维的应用范围可以扩展到更广泛的领域。可对于电纺纳米纤维,获得单根纤维或是单轴纤维束十分困难,这是由于聚合物射流的飞行轨迹是复杂的鞭动形式,而不是直线路径。

为了得到取向纤维束,Theron 等[26]采用了铁饼旋转收集装置,这种装置的优势在于电场集中于铁饼的边缘,不易形成发散的电场,进而使得纤维沉积在边缘,且具有较高的取向;局限性在于铁饼的边缘面积较小,且当沉积纤维层稍厚时由于残余电荷难于消散,会影响纤维的沉积。Li 等[27]曾使用外加电场的方式制备取向态的纤维束,但该方法操作烦琐,能耗高,且由于外加电场与原电场存在相互作用,所制备的纤维取向效果一般。本书在使用简单的静止接收铝箔的基础上,采用滚筒的收集装置制备取向纤维束,滚筒接收装置为自组装且连接电机,如图7.17所示。

图7.17 电动滚筒接收装置

图7.18为在不同滚筒转速下电纺制备的PASDP/PEO纤维的SEM图。采用滚筒收集装置接收纤维,转速较低时所接收到的纤维并未发生取向,如图7.18a转速为800 r/min 时所示,转速提高至2 000 r/min 时,纤维束仅有一小部分沿同一方向取向;而当旋转圆筒表面的线速度与射流沉积时溶剂的挥发速度匹配时,纤维则以圆周的方式紧紧地附着在圆筒表面上,形成高度取向的纤维束,如图7.18c所示,对应转速为3 200 r/min,该速度可称为纤维排列取向的临界速度;圆筒转速进一步提高至3 500 r/min 时,纤维束的取向效果减弱,这是因为过快的接收速度会破坏纤维射流,造成沉积纤维的不均匀分布。因此,若想

制备出取向度高的纤维束,找到纤维接收的临界速度是关键。

(a) 滚筒转速=800 r/min   (b) 滚筒转速=2 000 r/min

(c) 滚筒转速=3 200 r/min   (d) 滚筒转速=3 500 r/min

纺丝条件:PASDP 浓度 12 mg/mL,PEO 浓度 10 mg/mL,

电压 10 kV,溶液流速 0.48 mL/h。

图 7.18　在不同滚筒转速下电纺制备的 PASDP/PEO 纤维的 SEM 图

7.7　PASDP/PEO 纤维膜性能的影响因素

7.7.1　接收距离对 PASDP/PEO 纤维膜电性能与孔隙率的影响

当纺丝液的浓度和其他参数固定时,接收距离的变化是导致纤维直径变化的最直接原因,而纤维直径的改变又会造成纤维膜孔隙率和纤维膜电导率的变化。

图 7.19 为 PASDP/PEO 纤维膜电导率、孔隙率随接收距离的变化关系。当纤维接收距离在 9 ~ 23 cm 范围变化时,

PASDP/PEO 纤维直径呈正抛物线规律变化；当纤维接收距离为 9 cm 时,PASDP/PEO 纤维平均直径为 226 nm,这时纤维膜的孔隙率最大为 86.1%,电导率最小为 6.0×10^{-6} S·cm^{-1}；当纤维接收距离为 18 cm 时,PASDP/PEO 纤维平均直径最大为 432 nm,这时纤维膜的孔隙率达到最小值为 82.0%,与其对应的最大电导率为 7.8×10^{-6} S·cm^{-1}。随着纤维直径的增加,纤维膜的孔隙率逐渐减小,而纤维膜的电导率逐渐增大。而纤维直径的减小,使得纤维膜的堆积密度降低,纤维间的孔隙变大,导致纤维膜的孔隙率增大,孔隙率增大后使电纺纤维的接触程度下降,限制纤维中导电通路的形成,同时也会导致载流子链间的跳跃,这两方面的影响均会导致纤维膜电导率的下降。但纤维接收距离对于纤维直径的影响有限,因此不同接收距离时纤维膜的孔隙率与电导率差别不大。

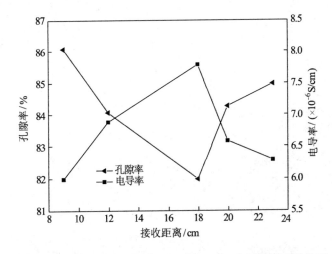

图 7.19　PASDP/PEO 纤维膜电导率、孔隙率与接收距离的关系

7.7.2　滚筒转速对 PASDP/PEO 纤维膜电性能与孔隙率的影响

图 7.20 为 PASDP/PEO 纤维膜电导率、孔隙率随滚筒转速

的变化规律。当滚筒的转速为 800 r/min 时,接收的纤维基本无任何取向,与静态的接收装置的纤维区别较小;转速提高至 2 000 r/min 后,纤维束的取向程度仍较低,但纤维膜电导率已由原来的 5.2×10^{-6} S·cm^{-1} 提高至 7.2×10^{-6} S·cm^{-1},孔隙率也由原来的 83.1% 降至 76.0%,这都是由纤维束小部分取向所引起的,取向的纤维更有利于纤维的排列,使纤维排列得更加紧密,同时方便电荷的传输与跳跃;当滚筒转速达到 3 200 r/min 时,收集的纤维束取向明显,纤维间排列紧密,且导电通路基本呈单方向,这时的孔隙率达最小值 62.3%,导电率达到最大值 2.3×10^{-5} S·cm^{-1};滚筒的转速进一步提高后,得到的纤维膜的孔隙率增大,电导率减小,由此可知,取向态的纤维束具有优良的性能,临界速度下得到的纤维性能最优。

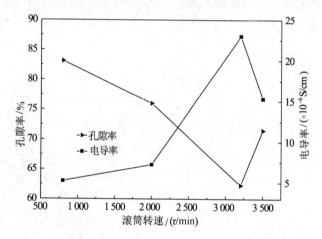

图 7.20　PASDP/PEO 纤维膜电导率、孔隙率与滚筒转速的关系

7.8　本章小结

本章分别对 PAMAS/PEO 和 PASDP/PEO 两种体系进行静电纺丝,研究了多种溶液参数和加工参数对两体系纤维形态的影响,分析了 PAMAS 与 PEO 质量比对 PAMAS/PEO 纤维膜电

导率与孔隙率的影响,以及纤维接收距离和滚筒转速对 PASDP/PEO 纤维膜电导率与孔隙率的影响,得出以下结论:

（1）PEO 浓度的提高和 PEO 摩尔质量的增加均可以显著提高 PAMAS/PEO 纺丝液的成纤能力,同时会导致纤维直径显著增加;PAMAS 浓度的增加会导致纺丝液电导率增大,表面张力减小,这两种因素都利于均匀纤维形态的形成;PAMAS/PEO 纤维直径随 PAMAS 浓度的增加呈先增加后减小的规律变化,对此本书提出了一种"导电通路"形成的假设;PAMAS/PEO 纤维膜电导率随 PAMAS 与 PEO 质量比的增加而增大,当 PAMAS/PEO 质量比为 64.3∶35.7 时,纤维膜的电导率为 4.5×10^{-6} S·cm^{-1};PAMAS/PEO 纤维膜孔隙率随 PAMAS 与 PEO 质量比的变化规律与纤维直径刚好相反,呈先减小后增加的规律,纤维直径为最大值 456 nm 时,孔隙率达到最小值 80.0%。

（2）纤维接收距离的增加导致 PASDP/PEO 纤维直径呈抛物线规律变化,纺丝液达到可纺要求时,接收距离的变化仅会影响纤维的直径,对纤维形态影响较小;PASDP/PEO 纤维电导率随接收距离的增大呈先减小后增加的规律变化,孔隙率的变化规律与电导率的变化相反,当接收距离为 18 cm 时,纤维膜孔隙率达到最小值为 82.0%,与其对应的最大电导率为 7.8×10^{-6} S·cm^{-1};滚筒转速的提高有利于纤维束的取向,当滚筒转速为 3 200 r/min 时,PASDP/PEO 纤维束取向明显,基本呈单方向排列;滚筒转速的提高不仅可以增加纤维膜的电导率,还可以降低其孔隙率,当滚筒转速为临界值 3 200 r/min 时,PASDP/PEO 的孔隙率达最小值 62.3%,这时导电率达到最大值 2.3×10^{-5} S·cm^{-1}。

参考文献

［ 1 ］ Syed A A, Dinesan M K. Review: Polyaniline—A novel polymeric material［J］. Talanta,1991,38(8): 815-837.

［ 2 ］ 吴丹,朱超,强骥鹏,等. 聚苯胺的掺杂及其应用［J］. 工

程塑料应用,2006,34(9):70-73.

[3] 景遐斌,唐劲松,王英,等. 掺杂态聚苯胺链结构的研究[J]. 中国科学,1990(1):15-20.

[4] Bhadra S, Khastgir D, Singha N, et al. Progress in preparation processing and applications of polyaniline[J]. Progress in Polymer Science,2009,34(8):783-810.

[5] Mao H, Wu X, Qian X, et al. Conductivity and flame retardancy of polyaniline-deposited functional cellulosic paper doped with organic sulfonic acids[J]. Cellulose, 2014,21(1):697-704.

[6] Kumar R, Ansari M O, Barakat M A. DBSA doped polyaniline/multi-walled carbon nanotubes composite for high efficiency removal of Cr(VI) from aqueous solution [J]. Chemical Engineering Journal,2013,228:748-755.

[7] Ansari M O,Mohammad F. Thermal stability and electrical properties of dodecyl-benzene-sulfonic-acid doped nanocomposites of polyaniline and multi-walled carbon nanotubes[J]. Composites Part B:Engineering,2012,43(8):3541-3548.

[8] Chutia P,Nath C,Kumar A. Dopant size dependent variable range hopping conduction in polyaniline nanorods [J]. Applied Physics A:Materials Science & Processing,2014, 115(3):943-951.

[9] Wang H, Yin L, Pu X, et al. Facile charge carrier adjustment for improving thermopower of doped polyaniline [J]. Polymer,2013,54(3):1136-1140.

[10] Sung H C,Jun S L,Jaemoon J,et al. Fabrication of water-dispersible and highly conductive PSS-doped PANI/graphene nanocomposites using a high-molecular weight PSS dopant and their application in H_2S detection [J].

Nanoscale, 2014, 6 (24): 15181-15195.

[11] Mikhael M G, Padias A B, Hall H K. *N*-alkyation and *N*-actylation of polyaniline and its effect on solubility and electrical conductity [J]. Journal of Polymer Science Part A: Polymer Chemistry, 1997, 35(9): 1673-1679.

[12] 汤琪, 马利. 反应条件对聚苯胺-邻甲氧基苯胺性能的影响 [J]. 重庆大学学报, 2002, 25(2): 246-249.

[13] Prevost V, Petit A, Pla F. Studies on chemical oxidative copolymerization of aniline and *o*-alkoxysulfonated aniline. Ⅱ.Mechanistic approach and monomer reactivity ratios [J]. Eurpean Polymer Journal, 1999, 35(7): 1229-1236.

[14] Fan J H, Wan M X, Zhu D B. Synthesis and properties of aniline and *o*-aminobenzenesulfonic acid copolymer [J]. Chinese Journal of Polymer Science, 1999, 17(2): 165-170.

[15] Shin Y M, Hohman M M, Brenner M P, et al. Experimental characterization of electrospinning: the electrically forced jet and instabilities [J]. Polymer, 2001, 42(25): 9955-9967.

[16] Hohman M M, Shin M, Rutledge G, et al. Electrospinning and electrically forced jets. I. Stability theory [J]. Physics of Fluids, 2001, 13(8): 2201-2220.

[17] Lee J W, Kang H C, Shim W G, et al. Heterogeneous adsorption of activated carbon nanofibers synthesized by electrospinning polyacrylonitrile solution [J]. Journal of Nanoscience and Nanotechnology, 2006, 6 (11): 3577-3582.

[18] Deitzel J M, Kleinmeyer J, Harris D, et al. The effect of processing variables on the morphology of electrospun nanofibers and textiles [J]. Polymer, 2001, 42 (1): 261-272.

［19］ Demir M M, Yilgor I, Yilgor E, et al. Electrospinning of polyurethane fibers［J］. Polymer, 2002, 43（11）: 3303 - 3309.

［20］ Koski A, Yim K, Shivkumar S. Effect of molecular weight on fibrous PVA produced by electrospinning［J］. Materials Letters, 2004, 58（3-4）: 493-497.

［21］ Gupta P, Elkins C, Long T, et al. Electrospinning of linear homopolymers of poly（methyl methacrylate）: Exploring relationships between fiber formation, viscosity, molecular weight and concentration in a good solvent［J］. Polymer, 2005, 46（13）: 4799-7810.

［22］ Munir M M, Suryamas A B, Iskandar F, et al. Scaling law on particle-to-fiber formation during electrospinning［J］. Polymer, 2009, 50（20）: 4935-4943.

［23］ Tan S H, Inai R, Kotaki M, et al. Systematic parameter study for ultra-fine fiber fabrication via electrospinning process ［J］. Polymer, 2005, 46（16）: 6128-6134.

［24］ Fong H, Chun I, Reneker D H. Beaded nanofibers formed during electrospinning［J］. Polymer, 1999, 40（16）: 4585-4592.

［25］ Zong X H, Kim K, Fang D F, et al. Structure and process relationship of electrospun bioabsorbable nanofiber membranes［J］. Polymer, 2002, 43（16）: 4403-4412.

［26］ Theron A, Zussman E, Yarin A L. Electrostatic field-assisted alignment of electrospun nanofibers［J］. Nanotechnology, 2001, 12（3）: 384-390.

［27］ Li D, Wang Y L, Xia Y N. Electrospinning nanofibers as uniaxially aligned arrays and layer-by-layer stacked films ［J］. Advanced Materials, 2004, 16（4）: 361-366.

结　论

本书分别通过溶液聚合和乳液聚合法合成了一系列 N-乙基苯胺与苯胺共聚物,采用溶液聚合法合成了一系列二苯胺磺酸钠与苯胺的共聚物,并对这些聚合物的结构和一些重要的物理化学性能进行了深入的研究;研究了以 $(NH_4)_2S_2O_8$ 和 H_2O_2 为氧化剂时 N-乙基苯胺的聚合动力学。本书研究得到以下主要结论:

(1)聚合体系的开路电位和温度研究表明,EA 与 AN 共聚反应以及 SDP 与 AN 共聚反应都是放热过程,聚合体系中的单体摩尔配比对聚合过程和聚合速率有较大的影响。

(2)首次采用简便的、无外加稳定剂的聚合方法制备出了 SDP/AN 共聚物纳米颗粒,其粒径随氧化剂与单体摩尔比的降低而减小;当氧化剂与单体摩尔比为 1/2 时,得到去掺杂态的椭球形纳米颗粒的长轴和短轴分别为 62 nm 和 44 nm。

(3) N-取代苯胺的含量对共聚物的溶解性能和电性能有较大的影响。对于溶液聚合法制备的 EA/AN 共聚物,随着 EA 含量的增大,共聚物在有机溶剂中的溶解性能逐渐增强,掺杂态共聚物的电导率为 $5.61 \times 10^{-7} \sim 2.37 \times 10^{-1}$ S·cm^{-1};对于乳液聚合的 EA/AN 共聚物,随着 EA 含量的增大,共聚物在有机溶剂中的溶解性能增强,掺杂态共聚物的电导率为 $1.03 \times 10^{-5} \sim 1.61 \times 10^{-1}$ S·cm^{-1}。对于 SDP/AN 共聚物,随着 SDP 含量的增大,共聚物在水和氨水中的溶解性能增强;掺杂态共聚物的电导率逐渐下降,从 2.37×10^{-1} S·cm^{-1} 降至 6.0×10^{-4} S·cm^{-1};而去掺杂态共聚物的电导率却逐渐增大,从 7.08×10^{-8} S·cm^{-1} 增至 3.52×10^{-5} S·cm^{-1}。

（4）与溶液聚合相比，在相同聚合条件下，乳液聚合所得的 EA/AN 共聚物具有更高的摩尔质量和电导率，在有机溶剂中具有较好的溶解性能，能溶于 THF 和 CHCl$_3$。不同组成的 EA/AN 共聚物都具有独特的溶致变色性能和可逆的溶剂热色性能。

（5）在 EA/AN 的溶液聚合体系中，EA 的反应活性低于 AN，两者的竞聚率分别为 0.180 和 1.927。

（6）聚合动力学研究表明，以（NH$_4$）$_2$S$_2$O$_8$ 和 H$_2$O$_2$ 为氧化剂时，*N*-乙基苯胺均聚的聚合速率可分别表示为：$R_p \propto K_1 \cdot$ [EA]$^3 \cdot$[APS] 和 $R_p \propto K_2 \cdot$[EA]$\cdot$[H$_2$O$_2$]。

（7）EA/AN 共聚物在 NMP 中具有很好的成膜性，能得到光滑平整且具有较好力学性能的致密膜，并制备出了 16 cm× 16 cm 的大面积薄膜。EA/AN（5/95）共聚物膜的拉伸强度、初始模量及断裂伸长率分别为 87.0 MPa，3.33 GPa 和 3.33%；动态力学研究表明，EA/AN（5/95）和 EA/AN（10/90）共聚物的玻璃化转变温度分别为 126.5 ℃ 和 113.0 ℃。

（8）二次掺杂态 EA/AN（10/90）共聚物膜具有较好的气体分离性能，在 25 ℃，606 kPa 的操作条件下，经一级分离操作可获得富氧浓度为 40.6% 的富氧气体；对于 EA/AN（10/90）共聚物与 EC 的共混膜，两者配比为 70/30 时具有最好的气体分离性能，在 47 ℃，606 kPa 的操作条件下，经一级空气分离操作所获得的富氧气体中，氧气浓度可达 47.6%，氧氮分离系数为 4.62。

（9）PANI/PEO 电纺体系中，随着 PANI/PEO 纺丝液中 PEO 比例的增大，纺丝液的成纤能力逐渐增强，纤维直径逐渐增大，纤维的形态逐渐由珠粒变为串珠，当 PANI 与 PEO 的质量比为 91/9 和 87/13 时，得到了均匀无珠粒纤维；纺丝电压的升高有利于纤维的细化，但断丝现象也增加，当纺丝电压为 15 kV 时，得到的仅为团聚的珠粒结构；纤维平均直径随溶液流速和针孔直径的增加均小幅增大，当溶液流速分别为 0.72 mL/h 和 0.96 mL/h 时，纤维间出现了一定的粘接；纺丝液达到可纺要求时,针孔直径的增加仅会导致纤维直径的变化。纤维膜的电导率受纤维形态和导电聚合物比例的共同制约,纤维膜的电导率随 PANI 与 PEO 质量比的增加先增大后减小,当 PANI 与 PEO 质量比为 91/9 时,纤维膜的电导率达到最大值 $0.42\ \mathrm{S\cdot cm^{-1}}$;纤维膜的孔隙率主要受纤维形态和纤维直径的制约,当 PANI 与 PEO 质量比为 98/2 时,纤维膜的孔隙率高达 89.1%,纤维膜的孔隙率随 PEO 比例的提高而显著降低。

(10) PAMAS/PEO 电纺体系中,PEO 浓度的提高和 PEO 摩尔质量的增加均可以显著提高 PAMAS/PEO 纺丝液的成纤能力,同时会导致纤维直径显著增加;PAMAS 浓度的增加会导致纺丝液电导率增大,表面张力减小,这两种因素都利于得到形态均匀的纤维膜;PAMAS/PEO 纤维直径随 PAMAS 浓度的增加先增加后减小,对此本书提出了一种“导电通路”形成的假设;PAMAS/PEO 纤维膜电导率随 PAMAS 比例的增加而增大,当 PAMAS 与 PEO 质量比为 64.3/35.7 时,纤维膜的电导率为 $4.5\times10^{-6}\ \mathrm{S\cdot cm^{-1}}$;PAMAS/PEO 纤维膜的孔隙率随 PAMAS 与 PEO 比例的变化规律,与纤维直径的变化规律刚好相反,为先减小后增加,纤维直径为最大值 456 nm 时,孔隙率达到最小值 80.0%。

(11) PASDP/PEO 电纺体系中,随纤维接收距离的增加,PASDP/PEO 纤维直径呈上抛物线变化;纺丝液达到可纺要求时,接收距离的变化仅会改变纤维的直径,对纤维形态的影响较小;滚筒转速的提高有利于纤维束的取向,当滚筒转速为 3 200 r/min 时,PASDP/PEO 纤维束取向明显,基本呈单方向排列;PASDP/PEO 纤维膜的电导率随接收距离的增大先减小后增加;纤维膜孔隙率的变化规律与电导率的变化相反,当接收距离为 18 cm 时,纤维膜孔隙率达到最小值 82.0%,与其对应的最大电导率为 $7.8\times10^{-6}\ \mathrm{S\cdot cm^{-1}}$;滚筒转速的提高不仅可以增加纤维膜的电导率,还可以降低其孔隙率,当滚筒转速为临界值 3 200 r/min 时,PASDP/PEO 的最小孔隙率为 62.3%,这时导电率达到最大值 $2.3\times10^{-5}\ \mathrm{S\cdot cm^{-1}}$。